土木の仕事ガイドブック

日常をつくるプロフェッショナル

柴田久 編著

学芸出版社

3
1
P

国家公務員（総合職）

国家公務員（総合職）

国家公務員（一般職）

国家公務員（一般職）

地方公務員（都道府県）

地方公務員（都道府県）

地方公務員（市町村）

地方公務員（市町村）

ゼネコン

ゼネコン

ゼネコン

メーカー

メーカー

鉄道会社

建設コンサルタント（調査・構想・計画系）

建設コンサルタント（調査・構想・計画系）

建設コンサルタント（調査・構想・計画系）

建設コンサルタント（設計・施工・維持管理系）

建設コンサルタント（設計・施工・維持管理系）

建設コンサルタント（設計・施工・維持管理系）

シンクタンク

インハウス・エンジニア

不動産デベロッパー

都市再生機構

調査会社

測量会社

設計事務所 (photo by Kazumi Kiuchi)

設計事務所

高速道路会社

電力会社

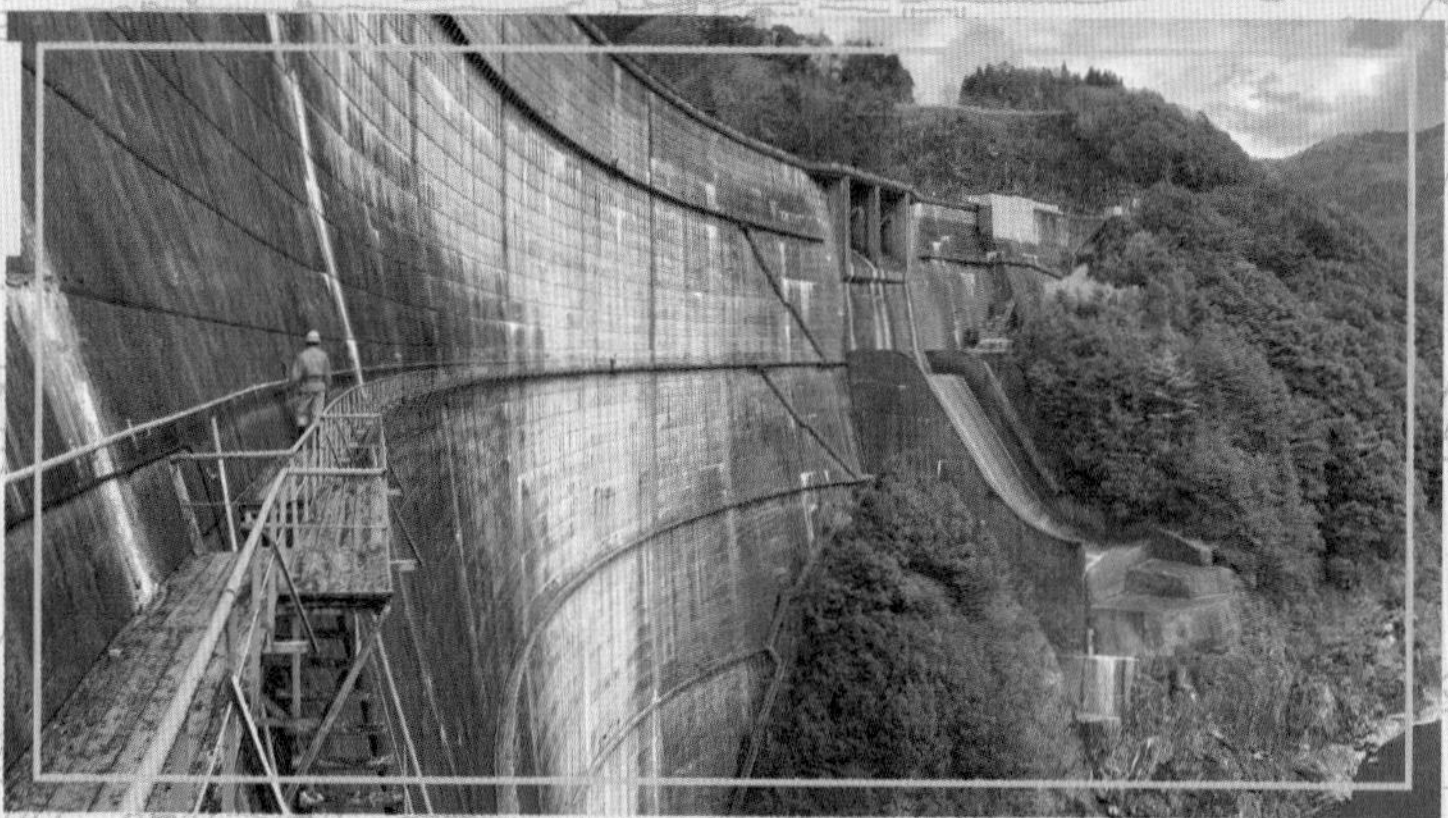

NPO（非営利法人）

研究職

研究職

新たな専門的職能（長崎市景観専門監）

新たな専門的職能（石積み職人）

編著者

はじめに

「土木の仕事」と聞いて、皆さんはどのようなイメージをお持ちだろうか？さらに土木が実際どのような仕事をしているか、ご存じの方はどのくらいおられるだろうか？

道路や橋、トンネルなど、社会基盤施設（インフラ）に関する仕事という認識くらいはあるかも知れない。あるいは男性ばかりの職場で、土木のみならず建設業界全体に対し３Ｋ（きつい、汚い、危険）のイメージをお持ちの方もおられるかもしれない。確かにそういう側面が少しもないとは言いがたい（というよりそれは土木の仕事に限った話ではない）が、先人達の汗と努力の結晶が今の私たちの生活を支えている。つまり、土木にはもっと前面に出て然るべき仕事像があることを強調しておきたい。

例えば、新型コロナウィルス感染拡大によって改めてその価値に気づかされた「日常」。その生活を支え、つくり、守るのは、他でもない土木の仕事である。災害が激甚化する今日、人々が安全かつ安心して暮らせる国土をつくること、また被災後の復旧、復興、そして再び被災しないためのまちづくりも、土木が担う重要な仕事である。蛇口をひねれば水が出る、スイッチを入れれば電気がつくのも、ダムや水道、発電所や送電線が支え、会いたい人に会うための移動、ネットで注文した商品が届くのさえ、道路や橋、鉄道や空港が整備されているからこそである。そうした当たり前に思える生活の基盤を整備し、維持管理しているのも土木の仕事である。また豊かな自然や生態系を保全し、共存していくための地球環境をどう持続していくか、人間が生活を営む環境すべてが仕事の範囲といっても過言ではない。時間軸のスパンが長く、スケールの大きい構造物をつくるのも土木の特徴だ。だからこそ、よく言われる「地図に残る」仕事であり、「まちの風景の骨格をつくる」仕事でもある。

また土木の仕事は、私たちの日常を守るだけでなく、まちや地域における未来の暮らしを魅力あるものに変化させる力を秘めている。「通り過ぎるだけだった道路がより安全かつ笑顔であふれる交流の場になったら…」「川沿いに堤防がつくられ、休日には清々しい水辺を散歩できたら…」「近道となるトンネルができればもっと早く病院に行けるのに…」「使いやすく、雰囲気の良いまちなかの広場や公園でデートしたい！」。これらはすべて土木の仕事しだいで実現できる。そこに住む人の暮らしが豊かで魅力あるものに変化すれば、よそからの来訪者、移住者の増加につながるかもしれない。人口減少が深刻化する地方都市、精神的なストレスを抱えやすい過密都市においても、土木の仕事が果たせる役割は大きい。逆に言えば、土木の仕事が与えられる未来へのインパクトの大きさに気付いていない方々も大勢いるように感じる。

本書はこうした「土木の仕事」をよりリアルに知ってもらうことを念頭に書かれたものである。特にこれから土木を学ぼうと思う、または土木業界に就職を考えている学生諸君、仕事に就き始めたばかりで今後のキャリア形成に悩む若手職員や、近年注目を集める土木マニア他、一般の方々にも、現場の生の声を届け、土木の業界や仕事の本質について知っていただきたい。そのため本書では、日常をつくる土木の仕事19分野35人のプロフェッショナルに、日々の業務内容や「やりがい」などについて具体的に、かつ熱く語ってもらった。

さらにもう一つ本書の特徴として挙げたいのが、随所に出てくる「コラム」である。実は執筆に先立ち、土木業界で働く多くの方々を対象に、普段聞けない仕事の実情に迫るアンケート調査を実施している。コラムでは、

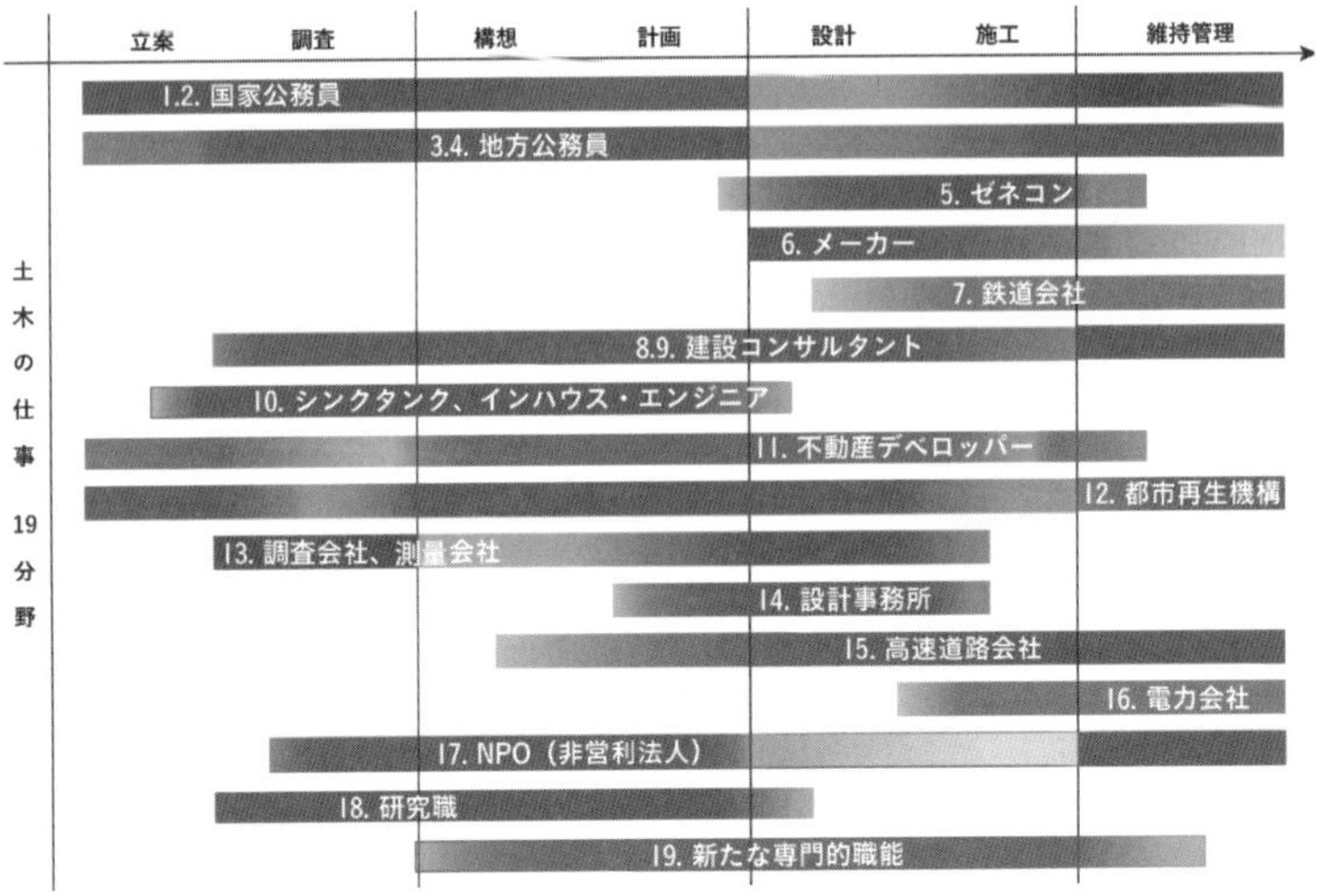

図1　土木の仕事19分野のプロセス図

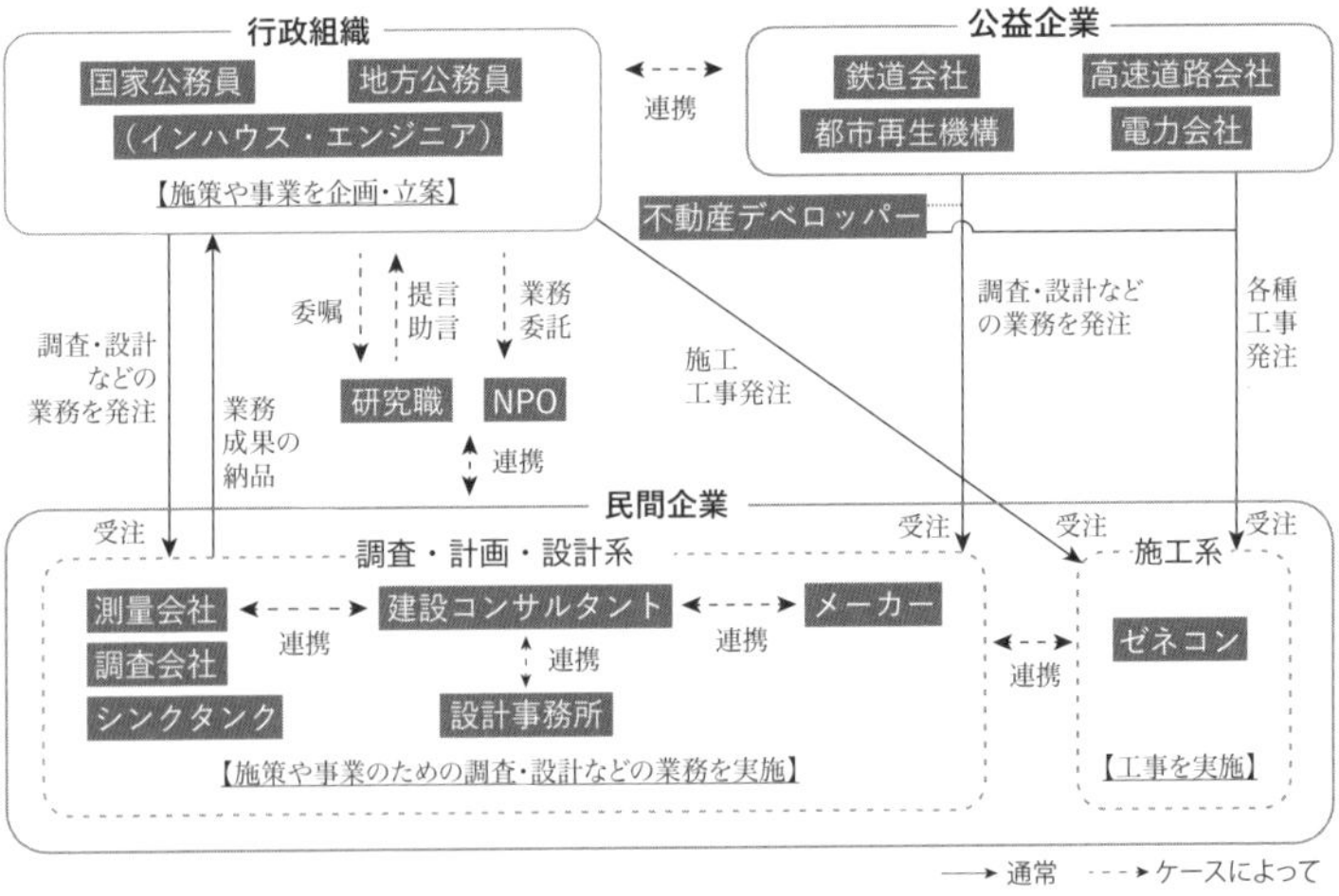

図2　土木の仕事体制図

調査結果から得られた回答をもとに「業界本音トーク」を、さらに土木の仕事に役立つ「資格」についても執筆した。

最後に、本書の理解を助けるべく、土木の「ものづくり」に関する流れを簡単に紹介しておこう。図1は一般的な土木の「ものづくりプロセス（立案、調査、構想、計画、設計、施工、維持管理）」で、各執筆者の仕事内容をもとに、本書で登場する19分野をプロットしてみた。また図2は土木の仕事がどのような体制のなかで行われているかを模式的に示したものである。前述したように、土木の仕事は多面的かつ広範囲に及び、業務形態の多様化も進んでいることから参考程度に見てほしい。ただ行政、公益、民間企業など、それぞれが互いの役割を発揮しながら、協働によって仕事が進められるチーム戦であることをご理解いただきたい。

本書は前述した19分野を章ごとにまとめており、読者の興味のあるところから読み進めていただいても一向に構わない。ややお節介なことを言えば、学生諸君にはできるだけすべての仕事内容を読み通してもらい、自分との適性や将来を思い描いていただくことを期待したい。

この本を読み終えた後、土木へのイメージが冒頭で述べた３Ｋではなく、本来の仕事像３ＫＭ「暮らしを守り、快適なまち、国土づくりをマネジメント」する仕事として広く認識されますように。

２０２１年5月　柴田久

column 業界本音トーク　学生・若手のうちにやっておきたいこと①

若い時の経験は必ずその後、役に立つ。ここでは前述したアンケート調査から、まず土木業界で働く方々の「学生／若手のうちに「やっておいてよかったこと」の回答結果を紹介したい。まず最も多かったのは「勉強」に関するもので自分の興味があることは勿論、一見役に立たなそうに思えても大切との意見が複数見られた。また大学での「土木工学に関する基本的・専門的知識が仕事を円滑に進める」との回答もあり、「大学院での学会発表や論文作成、研究」が業務上の資料づくりやスキルアップにつながるとのコメントも多く寄せられている。また「海外旅行」や「留学」も多く、「英語力を鍛えたこと」「英語圏ではないところで勉強すると他人とは違う資料が読めようになる」などの声も寄せられた。さらに現地での見聞についても「国内外を含め、色んな場所を訪れてまちや一級品の事例を見ておくこと」「ワークショップなどに参加し、地域住民の生の意見に触れること」といったコメントも得られた。

また学生時代には体力の向上・維持に必要な「スポーツ」に関する回答も多く、「サッカーをしていて、体力（耐力）と精神力（折れない心）を養った」「幼少期から続けていた剣道の稽古によって苦しい時も乗り越えられる精神力が身についた」などのコメントが寄せられている。さらに「アルバイト」に関する回答もあり、接客業について「言葉遣いや折衝力、コミュニケーション能力が鍛えられた」との回答もあった。

その他、「インターンシップは実際の業務のイメージも掴めて有意義」「世代や分野に関わらずたくさんの人に会ったこと」「本をたくさん読む。歴史系の本は年上の方と盛り上がるネタになる」などのコメントが寄せられた。加えて「全力で遊ぶ」「何か夢中になることを見つけてのめり込むこと」といった私生活に関する意見もあった。

長いようで短い学生生活をいかに過ごすか？是非参考にしてほしい。

column

● 業界本音トーク　□ 資格の話

学生・若手のうちに やっておきたいこと②

column
業界本音トーク

前コラムと同じく「やっておいてよかったこと」の、特に若手職員時に関する回答をご紹介しよう。まず多かったのが「資格の取得」で、20代から30代前半、また子どもが生まれる前に「技術士を取得できたこと」が挙げられ、理由として「学生時代に勉強した内容が多く、試験対策の時間も比較的あった」とのコメントが寄せられている。さらに若手の仕事に対する姿勢として「常に目的と手段を考えて仕事をすること」「残業を惜しまず一人前の仕事を覚えたこと」「損得考えずに、目の前のこと、自分のやりたいことをがむしゃらにやること」「仕事を断らないこと」「失敗すること」「尊敬できる先輩、同期、後輩をたくさん持つこと」などの意見が寄せられた。さらに「30歳までに海外を経験したことで語学力が向上した」「自分で設計・工事発注、現場監督など、一連の経験を積めたこと」「コンサルや業者などの現場のプロフェッショナル達といろいろな会話ができたこと」「いろいろな仕事へのチャレンジと社内外含めた人脈形成」などの具体的なコメントもあった。

実はアンケートでは学生、若手のうちに「やっておけばよかったこと」についても質問しており、その回答結果は上記「やっておいてよかったこと」の反対意見が多く寄せられた。「何事にもチャレンジすること」「同じ年代の同業者ともっと交流しておけばよかった」「海外の事例を積極的に見ておけば良かった」「語学」「大学院進学」「自分で考えることも大事だが、分からないことは遠慮せずに先輩にアドバイスを求めておけばよかった（後輩から聞かれるのは嬉しいものと、今だから思う）」などの意見が得られている。

日々の業務に手一杯で、気付いたら一年終わっていたという若手職員も多いだろう。「鉄は熱いうちに打て」とよく言うが、頭も柔らかくフレッシュな年代をいかに有意義に過ごすか、改めて考えてみては？

1

国家公務員（総合職）

国が進める政策の企画や立案などの仕事を行う。高度な知識、技術および経験が必要とされ、人事院が実施している「総合職試験」での合格が条件となる（大卒程度試験（工学）の合格率は各年でばらつきがあり、2018年は11%、2019年は13%、2020年は21%）。中央省庁の幹部候補（官僚）として、法制度の創設や予算編成などに携わり、国の行く末を占うまさに中枢として活躍が期待される。土木の仕事は主に国土交通省が担っており、基本的には東京の霞が関で勤務し、2～3年程度の間隔で地方の整備局や土木事務所などにも出向する。幅広い見識が求められる国家公務員（総合職）は、ジェネラリストとして若いうちから責任ある役職に昇任していくことも特徴の一つだ。

国家公務員（総合職）

政策と実践の相互フィードバック

国土交通省（以下、国交省）はさまざまな部局や幅広い職種から構成され、その業務内容を一言で概観するのは難しいが、私のような土木系総合職についてやや強引に一般化すれば、本省の業務は全国レベルの政策、地方の業務は各地における実践と言える。

私の経験上は、本省勤務では、担当する特定の政策分野を深く掘り下げる側面が強いのに対し、地方勤務では、むしろ本省業務以上に幅広い分野を担当し、現場に即した業務を総合的に行うことが多い。本省での政策検討の経験をもとに、地方で幅広いまちづくりを実践し、また地方でのさまざまな経験を持ち帰り、本省の政策業務に活かしていくという循環になっていると言える。

このうち本省の政策業務は、担当する各行政分野について、課題の分析や改善策の検討を行い、法制度・予算制度などのアウトプットへとつなげていく仕事である。例えば私が専門とする都市行政では、近年、都市のコンパクト化や防災性の強化といった政策課題に対して、立地適正化計画や防災指針などの新しい法制度を創設し、関連する予算制度やガイドラインの充実を図っている。審議会などの場で外部有識者や関係機関から幅広く意見を伺うことはもちろん、内部検討においても、法律分野をはじめ他分野を専門とする職員と掘り下げた議論を重ねるが、こうした過程を通じて、技術面のみならず制度面へのリ

仕事の１日タイムライン

- 9：30　登庁：業務処理。資料準備、メール処理など
- 10：00　打合せ
  ：庁内。施策検討・予算編成など
- 11：00　打合せ
  ：来客。地方自治体など。問い合わせ対応など
- 12：00　昼休み
- 13：00　打合せ：庁内。施策検討・予算編成など
- 14：00　作業：資料準備、メール処理など
- 15：00　打合せ：委員会・検討会など
- 17：00　打合せ：庁内施策検討・予算編成など
- 19：00　作業：翌日作業の段取り、メール処理など
- 20：00　退庁

地方での実践（公共空間再構築）

地方での実践（EV 路線バス本格運行）

地方での実践（市民へのプレゼンテーション）

本省業務のアウトプット例
（法制度、予算、ガイドライン）

テラシーを身につけながら、経験を積むことができる。

その反面、本省業務における具体の事業への関わりは、技術基準・運用指針・予算制度などを通じた間接的な形が基本となる。ただし本省においても、さまざまな制度を駆使しながら展開する都市再生プロジェクトや地域再生に関する先進的な取り組みなどに関して、地方自治体・民間事業者・NPOなど幅広い方々から詳細な話を伺ったり、制度の適用・運用などに関する具体の相談を受けることも多く、こうしたなかから浮かび上がった課題が、政策検討に活かされることも少なくない。

一方、地方勤務では、国交省の地方機関や地方自治体などにおいて、まちづくりやインフラに関する実践的業務を行う。地方自治体の業務は、まちづくりの現場であると同時に、総合行政の前線でもある。個別の取り組みは具体性の強い特定の事業であるが、業務全体としては、取り組みのスケール、施策の分野ともさまざまな領域に及び、関係主体も多岐にわたる。一定のキャリアを積んで地方自治体で勤務する場合、こうした業務全般に責任ある立場で関わることも多い。

私も前職において、沼津市の副市長としてまちづくり全般を担当をした。沼津市では、ハード面では鉄道高架事業を軸に都市拠点のインフラ整備を行いつつ、都市空間の利活用やリノベーションまちづくりなど官民連携によるソフト施策も重視している。私が任期中に求められたのは、これらの取り組みを統合的に推進しつつ、そのインパクトを活かして既存の都市空間を人中心の場所へ再生するための実効性ある方針を描くことであった。関係する庁内部局や外部機関と議論を重ね、市民や有識者の意見を聞きつつ、足掛け3か年かけて駅周辺のまちづくり戦略として取りまとめた。

大学時代は都市デザインの仕事を志し景観工学を専攻したが、どちらかと言うと設計・デザインよりプランニングに関心があった。都市を俯瞰的に見て、計画や制度などシステムの面から都市に関わりたいと考え、就職先は国交省（当時建設省）を選んだ。

計画とは、将来像とその実現手法をセットで展望する作業である。とりわけ都市行政において、都市計画法をはじめとする諸制度と、現場での実践的プランニングはまさに表裏一体である。制度の裏付けを欠いた計画は実現性に乏しく、計画への現場感覚を欠いた制度は有効性に乏しい。この点、国交省の仕事は、制度と実践の両面に携われる点が魅力である。法制度にせよ予算制度にせよ、あれこれ検討しても実現に至るとは限らないが、新制度が実現した場合は大きな充実感を得られ、実現しない場合も検討過程での学びは多く、制度を掘り下げた経験は実践的業務にも大いに役立つ。

他方、これらの裏返しとして、一つの事業に長く携われないことはジレンマだろうか。まちづくり事業は長い年月を要することも少なくないが、国家公務員は2～3年程度のサイクルで、かつ全国ベースで異動するため、一貫して関与することは難しい。

近年では、デザインや居心地の良さといった公共空間の質が、都市の魅力と競争力の源泉としてますます強く意識されている。都市空間のあり様は、設計・デザインや市民活動といった直接的要因のみならず、背後の制度にも大きく規定される。都市空間への感覚を磨きながら、政策や制度に取り組むことがより一層重要となっている。

新屋 千樹（しんや かずしげ）

1971年生まれ。国土交通省都市局都市計画課施設計画調整官。東京大学大学院工学系研究科修了。1996年建設省（当時）入省後、都市局、道路局、関東地方整備局、奈良県、沼津市、都市再生機構などにおいて、都市行政や道路行政に従事。休日の過ごし方：まち散歩に励む。

国家公務員（総合職）

現場で、霞が関で、明日の国土をかたちづくる

土木の分野で、国家公務員総合職の代表的な職場と言えば国土交通省である。ウェブサイトで、過去5年の採用データを見てみると、技術系のうち、「工学」からの採用は毎年70人前後にのぼる。省全体の採用は105～120人程度なので、いかに国土交通省が技術系、なかでも工学分野の人材を重視し、採用しているかが分かる。

国土交通省に総合職として採用されると、いわゆる「霞が関」と呼ばれる本省の内部部局や、各地に配置された地方整備局、事務所といった職場において、さまざまな実務経験を積んでいく。また、ときには外務省や環境省といった他省庁、県や市といった自治体、さらには民間企業や独立行政法人への出向を経験することもある。また、職務についても、国会対応をはじめとする法令・制度整備、予算要求・配分といった政策的な仕事から、各地の個別事業の計画・設計・工事管理や、地元調整、地域づくりNPOなどとの連携、さらには災害対応まで、さまざまな実務に携わることができる。ただ、およそ2～3年のサイクルで次々と職場・職務が変わることになるため、一つの分野、一つの場所に、じっくりと腰を据えて生きていきたい人には、不向きな職場かもしれない。

私自身、2000年4月に建設省（2001年1月に国土交通省へ再編）に採用されたのち、地方勤務・

仕事の１日タイムライン

- 9：15　登庁
- 9：30　作業
  ：メールチェック、意見照会資料の確認、対応
- 10：00　打合せ
  ：外部関係者。海外プロジェクトＡについて
- 11：30　打合せ：局内。幹部への対応方針確認レク
- 12：00　昼休み
- 13：00　作業
  ：メールチェック、意見照会資料の確認、対応
- 14：00　打合せ：外務省での協定交渉状況（外出）
- 15：30　作業：打合せ記録の作成（帰庁）
- 16：00　打合せ
  ：業務受注者。海外調査業務の中間報告（オンライン）
- 17：30　打合せ：省内。次年度施策について（オンライン）
- 18：30　作業
  ：研修講師用資料、打合せ記録、レク資料など作成
- 19：45　作業
  ：メールチェック、資料・ファイルの保存・廃棄
- 20：00　退庁

国際会議で外国の要人へ説明

2017年被災現場

青島太平洋マラソンに参加

東九州自動車道開通式前日

本省勤務・外務省出向（海外赴任）・研究所勤務など、さまざまな職場を経験し、職務の分野も、道路・ダム・海事（造船）・河川・外交・砂防・海岸・国際など多岐にわたる。

宮崎河川国道事務所で勤務した際には、事務所長として、約170名のスタッフの方々とともに、河川・道路・砂防・海岸・ダムの各事業において、計画・事業・管理・災害対応・広報・地域などとの連携など、多くの経験を得ることができた。なかでもミッシングリンクとなっている東九州自動車道未開通区間の整備事業は、関係者への説明、南海トラフ大地震による津波被害も想定した路線検討、新規事業化区間の杭打ち式、詳細設計、難航する芳ノ元トンネルの工法検討、大臣視察対応、日南北郷～日南東郷間の開通式、案内標識の検討といった、大小さまざまな段階・場面で、多様な役割を務めることができた。また、東九州自動車道に並行する国道220号では、沿道の地質・地形の条件の悪さ、過去の災害発生状況から異常気象時事前通行規制区間が設定されている。実際、梅雨や台風の季節には何度も事前通行規制を行った。2017年には、二度にわたり大雨による道路脇の斜面崩壊が発生し、全面通行止め、緊急復旧工事も経験した。沿道地域の方々の生活のために1日でも、1時間でも早く通れるようにしたいという思いと、復旧工事に従事するスタッフ、建設業者の人命、安全を守らなければいけないという思いの板挟みのなかで、事務所長として意思決定が求められた。災害対応を通して、道路のダブルネットワーク整備の重要性を痛感したことは、今でも心に深く残る思い出である。

国家公務員総合職のやりがいは、実際に社会のありようを大きく変えていけることであろう。さまざまな現場で実際の課題を体験・理解し、その解決に取り組むことができる。そして、成功した、あるいは望まれる解決策を、法令・制度づくりや計画策定、予算執行などに反映することで、将来に向けて日本全国のまち、社会、ひいては一人ひとりの日々の生活、人生を、より良いものにしていくことができる。

もちろん、2~3年のサイクルで異動していくなかで、縁のない土地へ赴任することもあるし、それまで関心を持っていなかった分野を担当することもある。異動直後は、一から勉強しなければならず、また、組織や地域によって「文化」や「当たり前」が異なるため、最初は戸惑いも多い。しかし、何度か経験すると、変化への抵抗感は小さくなり、違いを受け入れつつ、新しいことにチャレンジし、学び続けることが当たり前のことになっていく。目まぐるしく社会環境が変化する現代にあって、変化を楽しめるマインドを持つ、あるいは身につけたい人にはうってつけの仕事だと思う。

私自身、学生時代にバックパックを担いで欧州へサッカーと街並みを見に出かけ、そして、いろいろな場所でさまざまな仕事をしたい、自身や家族、友人がもっと生活しやすいまちづくりに関わりたい、という漠然とした思いで就職した。以来、7都県とマレーシアで暮らし、公私含め20か国を訪れ、さまざまな経験ができており、これからも新しい経験や出会いを楽しみに仕事に取り組んでいきたいと思っている。

鈴木 彰一（すずき しょういち）

1975年生まれ。博士（工学）、技術士（建設部門）。建設省入省後、在マレーシア日本国大使館、国土技術政策総合研究所、宮崎河川国道事務所などで勤務。執筆当時、道路局企画課海外道路プロジェクト推進官。休日の過ごし方：旅行、ジョギング。

column
業界本音トーク
お給料について①

将来の職種を考える学生諸君にとって「どのくらい給料がもらえるか」は大きな関心事の一つだろう。ここでは冒頭で述べたアンケート調査の結果から、土木業界で働く方々の「給料」に対する満足度、またその理由について生の声をご紹介したい。まずは公務員編である。

はじめに国家公務員の方々からいただいた回答を紹介する。集計の結果、勤続年数に関わらず「満足している」との回答が多く寄せられた。理由として「安定している」「趣味に使うお金もあり、貯金もできている」「通常の生活をするのに支障はない」「貯金に加え、家も所有している」「2人の子どもを育てられている」といったコメントが得られた。また「金額的に満足はしていないが、安定など、総合的に考えると満足」といった意見もあった。これに対し「満足していない」との回答では「業務量や職責に見合っていない」との意見が挙げられていた。

一方、地方公務員の方々からの回答はどうだったかというと、やはり「満足している」が多く寄せられ、「休日にレジャーを楽しめる」「子どもに好きな習い事をやらせている」「4人家族＋子犬で不自由なく生活できている」「共働きであればゆとりをもって暮らしていける」といったコメントが寄せられた。一方「年功序列で能力評価でないのはたまに不満」といった意見もあった。

給料に対する考え方は、その人がどのようなライフスタイルや生活レベルを維持したいのか、また年齢や家族構成、居住環境によっても当然変わってくる。一般的に「民間の会社よりも給料が安い」と言われる公務員だが、安定した生活が送れていることへの評価は高い。強いて言えば、仕事量や職責の対価をどのように捉えるか、公務員への就職を希望している学生諸君は一度しっかり考えてみてはどうだろう。

2 国家公務員（一般職）

主に管轄する地方の政策を実行し、企画や立案を支える仕事を行う。人事院が実施する「一般職試験」での合格が必要だが、予め試験の区分として「土木」が用意され、大学などで勉強した専門科目に基づく問題が多く出される（大卒程度試験（土木）の合格率は 2018 年が 45%、2019 年が 44%、2020 年が 26%）。そのため土木を受験した合格者のほとんどが国土交通省に勤務し、また勤務地や異動の範囲も「国土交通省○○整備局」といった管轄地方内の本庁および出先機関に限定されている。国家公務員（一般職）は、広い知識が求められるジェネラリストの素養とともに、国の政策や直轄事業を実行する管轄地方のスペシャリストとしての活躍も期待される。

国家公務員（一般職）

ダムの調査設計から工事発注まで

近年多発する水害に対し、国土交通省ではさまざまな治水対策を実施している。そのうち私の関わったダムは、下流域の洪水被害軽減のために効果的な治水対策として位置付けられたものである。

「ダムの建設」と言っても、その内容は多岐にわたり、土木分野の仕事としては、ダム建設地の環境調査・水質調査・地質調査、ダム本体の設計・工事、ダム建設に伴い水没する道路の付け替え、場合によっては別の流域から水を呼び込む分水施設の整備などがある。また、それらの必要性などを地域の方々へ説明することはとくに重要な仕事だ。

私は、ダム本体の骨材を採取する原石山及び分水施設（導水トンネル）に関する調査・設計・工事などを発注者の立場で担当した。その際、発注内容を理解していなければ、何を求めているかを受注者に伝えられない。とはいえ、最初から充分な知識があるはずもなく、先輩方に教えてもらいつつ、時には知識不足による失敗をしながらの悪戦苦闘であった。

当時担当した地質調査は、ダム本体周辺や原石山でボーリング調査と横坑調査を行い、ボーリング調査の点の情報と横坑調査の面の情報を合体させて、全体の地質を推測した。最初は岩の種類も分からないため、先輩方に教えてもらいながら、実際に岩をハンマーで叩いたり、触ったりして、頭と体で覚え、

仕事の１日タイムライン

- 8：30　出勤：メールチェック
- 8：45　作業：工事発注資料の作成
- 10：00　打合せ：所内。事務所全体での課題の共有など
- 12：00　昼休み
- 13：00　現場：ダム地質調査、工事施行状況確認
- 17：00　作業：工事発注資料の作成
- 19：00　作業：メール返信など
- 19：30　退庁

ダム本体設計 CIM

現場確認 1

現場確認 2

理解していった。そのうち、趣味の登山中には、岩の種類が気になるようになった。

さらにダム本体の設計において発注者は、設計条件に誤りがないか、本当に現場で施工できる構造か、将来自分たちが担うダム管理の際に問題がないか、ダム本体以外の例えば周辺環境へ影響はないかなどを確認する必要がある。とくに管理や環境への影響については、ダム管理の担当部署や環境調査などの担当部署へ確認しながら、チェックを行う。

そして設計が完了すると、いよいよ工事発注となる。その際、構造物の寸法・使用する材料・施工に必要な機械など、すべての情報を踏まえて積算する必要がある。結局すべての内容が分かっていないと適切な判断ができないため、設計成果と照らし合わせつつ現場での施工をイメージしながら、数か月に及びチェックを行う。

公務員はデスクワークと思われがちだが、設計や工事発注を担当する場合は、机上だけの頭でっかちにならないよう、すでにできあがった構造物を確認し、現場へ足を運び、頭のなかのイメージと現場を一致させていくことが重要である。調査・設計段階からできあがる構造物を具体的にイメージして、施工や将来の管理が可能かを考え、工事積算のチェックでは構造物だけでなく施工過程まで含めて見定める。それが発注者に必要な技術力であると思う。

子どもの頃から父の監督する工事現場へ行くことが好きだった。下水管の敷設工事などでは、桝から入って内部を確認するなど、小さい体だからこそできることを、子どもが楽しむのをいいことに手伝わされていた気がする。そんなこともあり、小学生の頃にはすでに土木の仕事が楽しそうだなと思っていた。その思いのまま高専に進み、大規模プロジェクトもありつつ、趣味のために休暇も取りやすい国家公務員を選んだ。

国家公務員は異動の多い職種であり、多くの職員や調査・設計・工事の受注者、地域の方々と接する機会がある。時には、地域の方々からの苦情や厳しい言葉を投げかけられる場面もあり、仕事を円滑に進めるためには、コミュニケーション能力も求められる。

道路改築や河川改修などいろいろな職場を経験するなかで、ダム建設事業に惹かれた。ダムは地域住民の皆さんや各自治体の協力がなければそもそも建設できないものであり、事務所職員・受注者が一丸となってダムを建設するという目的に向かい調査・設計段階からさまざまな議論をし、工事によりつくりあげられていく。一体感や達成感の大きい仕事である。また、ダム建設のため苦渋の決断で移転された方々や、ダム下流地域の方々に現場を見ていただいた時に、「すごいね」「頑張ってね」「早く完成させてね」と声をかけていただけることもあり、地域から期待されて仕事をしているというやりがいを非常に感じられるのもこの仕事の醍醐味である。

山﨑 健司（やまさき けんじ）

1981年生まれ。国土交通省近畿地方整備局河川部河川工事課ダム係長。前足羽川ダム工事事務所工事課工事係長。ダム建設事業のほか、ダム管理、道路管理、道路改築事業、河川改修事業に携わる。神戸市立工業高等専門学校都市工学科卒業。休日の過ごし方：剣道、登山。

国家公務員（一般職）

ジェネラリストとして土木に携わる

国家公務員は土木のジェネラリストとして活躍できる場である。広い知識を得やすい立場であり、政策を動かすような仕事もできる。新しいことを面白がって学べる人に、向いている仕事だと思う。

私は、国家公務員Ⅱ種（土木）という職種で、基本的には九州内が勤務地である。2〜3年に一度、人事異動により職場が変わる。出向という形で、国土交通本省やほかの地方整備局や自治体で働く職員もいる。ここでは、私のこれまでの職歴を紹介したい。

入省後、最初の配属は、雲仙復興事務所調査課だった。砂防事業についての広報関係、防災業務の訓練関係、砂防堰堤設計のためのボーリング調査の業務を担当した。

2年後、長崎河川国道事務所開発調査課へ。当時、計画段階であった本明川ダムの調査・計画・環境影響評価を担当。ダム設計時の資料となるボーリング調査を年間数十本発注したり、地域の協議会の方々へダム事業の説明を行った。ダム建設による環境影響の評価なども行った。

続いて、佐賀県の武雄河川事務所へ。調査課に配属され、嘉瀬川の河川計画を担当した。河川堤防強化を効果的・効率的に行うための優先順位をつける検討、親水施設整備のための予算要求資料の作成や自治体との調整を担当した。その後、松浦川の担当に変わる。ここでは河川計画関係のほかに、親水施

仕事の１日タイムライン

- 8：30　出社
- 8：45　作業：メールチェック、課内の情報共有
- 10：00　打合せ：所内。広報部会
- 11：00　作業：資料作成、研修準備
- 12：00　昼休み（短縮 30 分）
- 13：00　計画研修開講式
- 14：00　打合せ：業務の懸案事項整理、進捗状況確認
- 16：30　作業：予算執行状況確認・調整
- 16：45　退庁（フレックス）

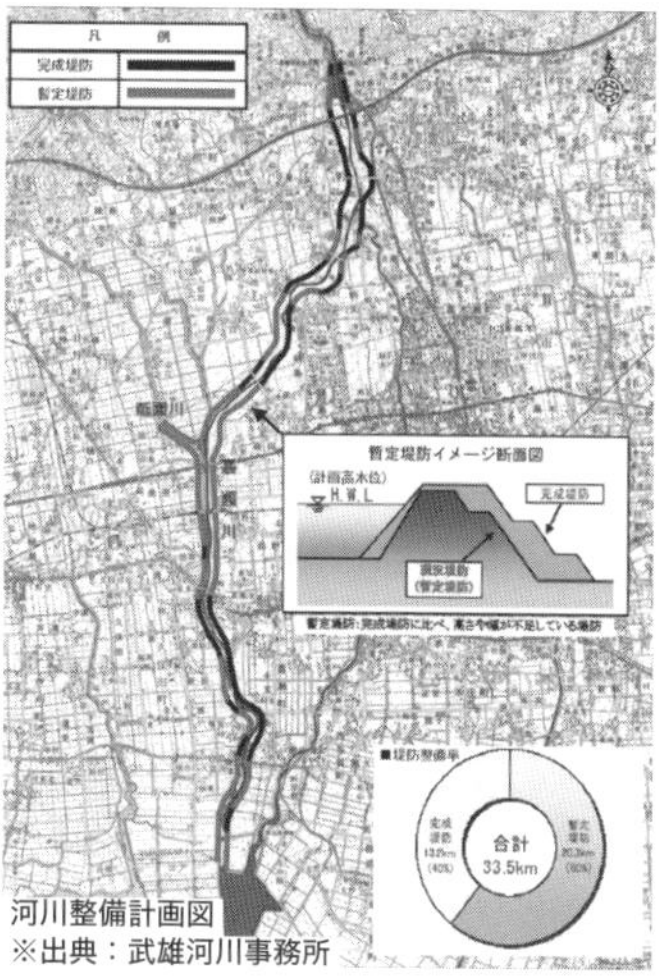

河川整備計画図
※出典：武雄河川事務所

ドローン調査　※出典：九州地方整備局

武雄河川整備後　※出典：武雄河川事務所

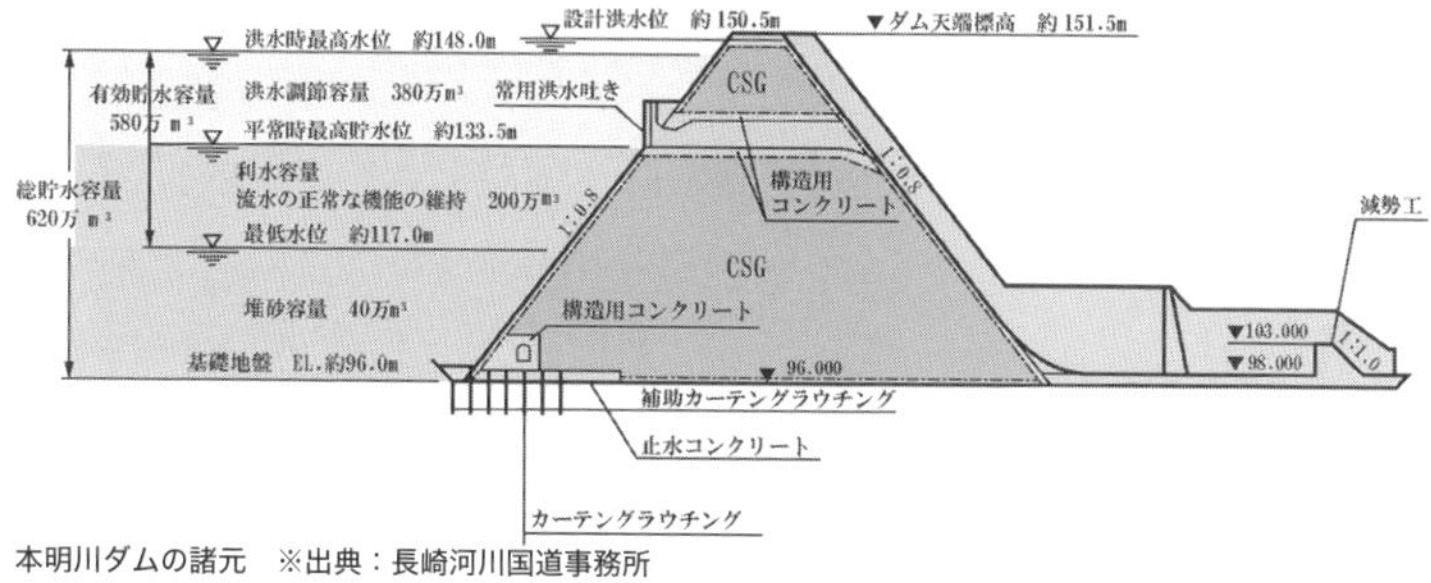

本明川ダムの諸元　※出典：長崎河川国道事務所

設整備を担当。規模が小さめの事業だったこともあり、設計から、自治体や地域の区長さんたちとの管理面の調整、施工までの一連を経験できた貴重な機会であった。完成披露のときの達成感は、土木の仕事の醍醐味の一つだろう。その後、所内移動で管理課へ。この頃、結婚。妊娠して産休・育休に入る。

復帰後は、福岡県久留米市にある九州技術事務所の火山防災減災課に勤務。ここは全国で唯一火山防災に特化した組織であり、火山防災に関する訓練や技術開発を担当した。火山噴火に伴う土石流の発生予測や降灰調査の取りまとめ、より効率的で安全な調査のための検討などを行った。この頃、九州地方整備局で災害調査用ドローンの運用が始まり、ドローンの資格試験の運営や機体管理を担当。私自身も資格を取得した。２０１７年度の九州北部豪雨、２０１９年度の佐賀県六角川での豪雨の際に、ドローンによる被災地現地調査に参加している。２０１７年には、福岡市博多区にある九州地方整備局企画部技術管理課へ。業務発注の契約手続き関係、積算基準関係、建設リサイクル関係、ＢＩＭ／ＣＩＭ関係を担当。建設コンサルタントなど各業界の方々との意見交換、各事務所からの問い合わせ対応など、日々の業務から、改革すべき問題点を探していった。九州運用として契約手続きの試行など変えられるところはすぐに対応し、まさに改革を実感できる部署であった。そして、再び九州技術事務所に戻り、現在、研修係長として職員のスキルアップのための研修運営、各種調整を行っている。

以上、一例ではあるが、九州地方整備局での仕事について紹介した。２〜３年で異動があることにより、多岐にわたる事業を経験できる。今後も、さまざまな視点から、問題を総合的に判断できる土木のジェネラリストとして、成長していきたい。

私が土木業界を選んだのは大学に進学するとき。英語学科と土木学科で迷うという、なんとも定まらない学生だったが、漠然と、土木を学びながら英語は学べそうだけれど、逆は無理だろうな、という考えで、土木の道を歩むことになった。大学院へ進学。当時、土木学科の女性は、公務員か建設コンサルタントに入ることがほとんど。先輩や大卒で働いている人の話を聞くと、働きやすさを考えるとやはり公務員、そして規模の大きな仕事がしたいなら国家公務員、ということで、九州地方整備局を選択した。

実際、働きやすさという点ではとても恵まれた職場だと思う。妊娠後、体調が安定せずに数か月休みをもらった。1人目の妊娠時に体調が安定しなかったこともあり、復帰を遅らせ、そのまま2人目出産へ。4年間の育児休業を経ての職場復帰となった。復帰後も、遅出勤務・昼休み短縮・時短勤務。さまざまな制度を活用させてもらった。おかげで、決して要領がいいとはいえない私でも、家事と育児を両立することができている。この働き方を受け入れてくれる職場の方々にも、感謝感謝の日々である。昨今進んだ、テレワークのシステムも、育児・介護家庭には大変ありがたい。

やりがいは、やはり、人々の暮らしを守っていると、実感できること。構造物が完成したとき。地域の方からお礼の言葉をいただいたとき。それ以外にも、災害時、避難のために必要な情報提供や支援。刻一刻とせまる危険から命を守るための活動をしている責任と緊張感。充実した日々である。

平野 礼（ひらの れい）

1979年生まれ。九州技術事務所総務課研修係長。九州工業大学大学院工学研究科修士課程修了。2003年度入省。雲仙復興事務所、長崎河川国道事務所、武雄河川事務所、九州技術事務所、九州地方整備局企画部を経て、現職。休日の過ごし方：キャンプ、ピラティス、子どもとゲーム。

column 業界本音トーク
お給料について②

公務員に引き続き、今回は総合建設コンサルタント、さらに測量・調査会社、ゼネコンで仕事をされている方々からの回答を中心に、給料への満足度について紹介する。

まず建設コンサルタントの方々から「満足している」との回答が多く寄せられた。理由として「貯蓄しながらゆとりのある生活ができている」「それなりに自由に使える金額が貰える」「貯金もできている」といった意見が寄せられ、「子ども2人を高校・大学とも私学を卒業させ、毎年家族旅行もできている」「家族4人で不自由なく生活できている」など具体的な意見も得られた。また「給料を理由に仕事を選んでいないから」「欲しいと思えば切りがない」「海外駐在の日当など手当を含めれば満足」といった理由も挙がっていた。これに対し「満足していない」の理由として「高水準の給与だと思うが労働時間も長い」「給料の割に責任が大きい」といった声が特に中堅どころの方々から寄せられている。

次に測量会社、調査会社にお勤めの方々からは「持ち家だが40代で完済予定」「車も所有し、家族皆普通に生活し、毎年100万円程度は貯金できている」など、具体的な満足の理由が寄せられた。一方、「不満はないがもう少しもらえたら嬉しい」「やりたいことを仕事にできているので満足しているが一般的に高収入ではない」「金額的には満足しているが、給与体系と組織の構造には疑問を感じる時がある」といった厳しい声も。またゼネコンで働く方々からは「満足している」との回答が多く、「毎年貯金できている」「非管理職は残業代がしっかりもらえる」「一般的な平均年収よりも多い」などの理由が挙げられていた。

公務員と比べ、民間企業である上記3業種の給料や待遇は同業種でもかなり差がある。リクルートの際の企業研究は、やはり徹底して行っておきたい。

3

地方公務員（都道府県）

地方自治体の都道府県に勤務する公務員で、上級·中級·初級の区分を持つ試験に合格する必要がある。自治体によっては「土木」だけでなく「総合土木」「農業土木」などの職種もあるが、いずれも「技術系職種」として採用される。管轄する自治体内の道路や、河川·公園·上下水道·都市計画といった部署を3～5年ほどで異動し、管轄する自治体内の土木に関わる予算の編成や仕事の発注を行う。また立案された計画や事業の推進、都道府県が管轄する土木構造物の維持・管理、災害対応など、仕事内容は多種多様である。市町村への助言や調整を行う役割もあり、地方分権時代の要として活躍が期待される。

地方公務員（都道府県）

命をつないだ道路整備

県の土木職員は、概ね3年で人事異動があり、さまざまな部署に配属される。さまざまな分野を広く経験できるが、一つの分野を極めることが難しいという反面もある。私もこれまで、道路・河川・海岸などいろいろな分野を経験させてもらった。技術力という面では、それぞれ中途半端な経験値しかないが、現在所属している、企画調整という分野では、広い経験がものをいう場面も少なくない。

私は、２００６年度から２００９年度までの4年間釜石地方振興局土木部に在籍し、釜石市で国が整備する自動車専用道路（三陸沿岸道路）に接続する県道の新設事業に携わった。供用は２０１０年度末と決まっていたが、私が引継ぎを受けた時点で、詳細設計も用地取得もこれからという、工程の厳しい現場であった。詳細設計、用地交渉、土地利用に係る諸手続き、埋蔵文化財調査や環境調査、河川管理者や鉄道事業者・国などとの各種協議、そして施工者への工事発注と、やることはたくさんあったが与えられた時間は5年しかない。すべてのプロセスに時間の余裕はなく、常に最短となるパスを探りながら業務を行う必要があり、とにかく忙しい毎日だった。

とくに鉄道管理者との協議では、道路の計画が線路と近接している上に跨線橋《こせんきょう》もあり、さらに全体工程短縮のために、工事用進入路として仮設踏切を設置するという、相手にとって不利な条件の調整に苦

仕事の１日タイムライン

（当時の所属）

- 8：10　登庁：メールチェック・作業整理
- 8：30　移動：現場へ
- 9：00　現場：品質管理等立会検査
- 11：00　作業：書類整理
- 12：00　昼休み
- 13：00　移動：現場へ
- 13：30　現場：関連工事工程会議
- 15：00　作業：現場管理資料整理
- 18：00　夕食
- 18：30　作業：変更図面作成
- 22：00　退庁

釜石市（2011.3.12）

県道と線路の近接箇所

県道にある跨線橋

県道（2011.3.13）

労した。だが何度も協議を重ねるうちに、お互いの事情も理解しあえるようになって前向きな信頼関係を築くことができ、なんとか工事を進めることができた。異なる立場の関係者と、同じ方向を向いて仕事を進めることの難しさと面白さを知った事業であった。

苦労しながらも多くの方々の協力を得て、ようやく残す工事は、ほぼ舗装と標識の設置だけ。という段階まで事業を進めた2010年4月、人事異動により県庁の河川課へ転勤することになった。公務員の宿命である。仕上げの工事を後任に引き継いで、県道は予定通り1年後の2011年3月5日に、三陸沿岸道路と併せて開通した。

2011年3月11日の東日本大震災津波により、岩手県の沿岸部は未曾有の被害を受けた。発災の翌12日の早朝、県庁から現地調査の第一陣が派遣されることになり、私もメンバーの一員として釜石市へ向かった。4年間過ごした釜石市の惨状を見るのは辛かった。どこに道路があるか分からないほど、がれきが堆積するなかを、多くの人たちが歩いて避難していた。そのなかに、6日前に開通したばかりの三陸沿岸道路を歩いてくる人たちも大勢いた。私が担当した県道は、高さが12ｍある擁壁の天端付近まで津波の痕跡が残っていたものの被害はなく、高台に整備された三陸沿岸道路と共に、釜石の命をつなぐ避難路として機能していた。自分が携わった仕事が、誰かの役に立っているところを目の当たりにし、多忙を極めた4年間が報われた気がした。社会基盤の整備という仕事の意義を実感した経験であった。

無駄な仕事は一つもない。今の苦労は必ず誰かの役に立つ。そして、そう思えると、宿命の人事異動も前向きに受け入れられるようになる。地方公務員の土木職とは、そんな仕事である。

地方公務員になったのは、恥ずかしながら積極的な理由ではない。大手建設コンサルタントの内定もいただいていたが、田舎の長男＝地元志向という周囲の雰囲気に押されて地元の公務員を選択した。だから、仕事の仕方も面白さも分からない、就いて間もない頃は、本当にこの選択が正しかったのか、少々悩んだ。

初任地で、ある先輩から、仕事は野球と一緒だという話をされた。「バッターと対峙するピッチャーは、一対一の真剣勝負だ。けど、後には8人の野手がいる。野手は、打たれても守ってやるから思い切って放れ、という気持ちで守っている。ピッチャーはそんな後の8人を信頼できるから真剣勝負ができる。俺がピッチャーのときは、守ってくれよ。お前のときは俺が守ってやるから」そんな趣旨だったと記憶している。次の異動先で出会った先輩には、「仕事の仲間は必要だけど、仲良しグループで仕事しちゃだめだ」という、仕事のやり方の本質に関わるような話をされた。どちらも今でもいい先輩だ。そんな言葉をくれる先輩と出会うことができ、良き同僚にも恵まれて仕事ができているから、当時の選択は間違いではなかったと思っている。

最近、入社3年以内に退職する若者が増えているという。就職先は、思い通りに決まるとは限らないし、希望通りに就職できたからと言って、幸せな人生かどうかは別の問題である。何かのきっかけで決まった就職先でも、良き人との出会いと仕事への向き合い方で、仕事に対するやりがいも変わってくる。

土佐 勝洋（とさ かつひろ）

1975年生まれ。岩手県県土整備部県土整備企画室主任主査。新潟大学工学部建設学科修了。1998年久慈地方振興局土木部に採用。その後、道路12年、河川・海岸3年、技術管理3年、港湾3年の経験と、転勤に伴う7回の引っ越しを経て2019年より現職。休日の過ごし方：もっぱら子どもと対峙（育児）。

地方公務員（都道府県）

無電柱化事業と下水道事業によるインフラ整備

近年、大型台風や線状降水帯の停滞が引き起こす災害が激甚化しており、２０１８年７月豪雨や２０１９年東日本台風では私たちの日常生活に多大な被害を及ぼした。なかでも暴風による電柱倒壊を要因とした大規模停電と交通阻害、浸水による下水処理場の機能停止が強く印象に残っている。

２０１７年、私は福岡県の出先事務所で世界遺産へのアクセス道路である県道の無電柱化事業の担当として従事した。道路上に乱立する電柱や電線は、周囲の景観を損なうだけではなく、歩行者や車椅子の通行の妨げとなることがある。さらには、地震や台風の際に電柱が倒壊すれば、緊急車両の通行の妨げともなる。大規模な停電が発生するとその影響は計り知れない。このような課題解決のため、電線類を格納する電線共同溝などを道路下に設けることで電線類を地中化し、上空の電線や電柱をなくすことが無電柱化事業である。

計画・設計を行う際、建設コンサルタントと度重なる協議を行った。電話やメールでの協議をはじめ、地元自治体や電線管理者である電力会社や通信会社の関係者が一堂に会した会議も主催した。ときには学識経験者の助言を得ながら、無電柱化の影響と効果の把握に努めた。現地施工の前には、地元住民をはじめ、県警察やバス・タクシー会社や観光協会への説明を実施し、事業への理解・合意形成を図った。

仕事の１日タイムライン

- 8：30　出社
- 9：00　作業
  ：メールチェック、１日のスケジュール確認
- 10：00　研修：市町村下水道担当者研修の講師
- 11：00　作業：来年度の予算要望資料作成
- 12：00　昼休み
- 13：00　打合せ
  ：国土交通省本省や他県・政令市と情報交換（オンライン）
- 14：00　作業：施策検討のための調査物の取りまとめ
- 15：00　打合せ：係会議
- 16：00　打合せ：九州地方整備局と協議
- 17：00　作業：協議の報告書作成
- 18：00　作業
  ：メールチェック、今後１週間のスケジュールの確認
- 18：30　退庁

県庁にて下水道の計画協議

無電柱化前の景色

無電柱後のイメージ

計画を担当している下水処理場の空撮　※撮影：九州地理情報株式会社

工事発注後も建設会社と連日打合せし、電線共同溝の一部を無事竣工できた。このように、事業進捗を図るため関係者の意見を取りまとめるのが重要な仕事だ。現在も抜柱に向けて、事業が行われている。

そして2020年から、私は本庁にて下水道事業に取り組んでいる。人間の生活・生産活動に伴って生じる汚水は、そのまま川に流すと水質汚濁だけでなく、私たちの生活環境の悪化や疫病の発生といった弊害をもたらす。また、道路や宅地などに降った雨水が速やかに排除されなければ内水氾濫の原因ともなる。こういった課題解決のため、汚水や雨水を流す下水管や処理場、ポンプ場を整備・維持管理することが下水道事業である。

現在も下水道などが整備されていない場所があり、その普及に全国的に取り組まれているところである。県では、市町村が行う公共下水道に係る法手続きや助言などと、市町村を跨ぐため県が行う流域下水道を管轄している。本庁では、事業の進捗を図るための計画策定や県出先事務所・市町村が事業を進めるための予算管理のほか、都市計画法や下水道法の法手続き、議会対応や条例の制定も行っている。そのなかでは、市町村個別の課題や市町村の枠を超えた課題について技術的助言を行ったり、国土交通省や他都道府県と情報共有や意見交換を行ったりする。

無電柱化と下水道は地下に埋設されたインフラであり、その効果について把握されにくい。しかし、双方ともに私たちの生活・生命を守るために必要不可欠なものであり、今後益々の普及が求められている。そのようななかで、私たち都道府県職員の職務は多岐・広域であり、決して楽ではないが、その分より多くの人とつながり、より多くの方々に貢献できるやり甲斐のある仕事である。

思い返せば、土木という仕事を目指したのは、物心ついた頃の災害がきっかけである。大雨により、自宅近くで土砂災害が発生し、目の前を濁流と巨石が流れた。その後、迅速に砂防工事が行われたため、再度被災することなく、私たちの生活と生命が守られた。そのときの工事の真似をして、重機の玩具で泥遊び（工事ごっこ）をしたのが、私の記憶のなかで最も古い遊びである。なぜその遊びをしたのか覚えてはいない。確かなのは、インフラ整備という仕事が、親の仕事よりも自分の生活に最も身近な仕事であったことだ。

やがて地元に残って、地元の人たちに貢献したいという思いから県職員になった。同じ地方公務員である市町村職員と大きな違いは転勤があることだろうか。地方公務員なのに転勤があるのか?と言われそうだが、経験則も業務に活かせる土木系公務員ではメリットだと感じている。地元でありながら、地形・地質・気候・風土・歴史・交通・景観などの異なるフィールドで活躍でき、幅広く知見を得られる。県北と県南では方言も異なっており、いろいろな方言で叱咤激励感謝されるのは飽きが来ない。

また、より広域的な視点を持つ国家公務員と地元のプロとも言える市町村職員と共に仕事をすることもある。一つのプロジェクトのなかでも、それぞれの異なる視点での意見・考え方を知ることができ、そこに自分の考えを織り交ぜながら、地元の方々に最も喜んでもらえる仕事をするのが都道府県職員の得意とするところであろう。

吉丸 俊和（よしまる としかず）

1983年生まれ。福岡県建築都市部下水道課技術主査。福岡大学大学院工学研究科修士課程修了後、福岡県庁採用。異動歴：那珂県土整備事務所、企画課、北九州県土整備事務所を経て現職。休日の過ごし方:映画鑑賞、散歩兼買い物、娘とアニメ談義。

column
業界本音トーク

お給料について③

給料について最後は、できる限りたくさんの職種にスポットを当てたい。まず電力会社の方々から「貯金もしやすく、年に一度、家族で旅行に行ける程度の収入はある」との満足の理由が挙げられ、他方で「どこもそうだと思われるが、若いときの貯蓄は厳しい」といった意見もあげられていた。また不動産会社の方々からは「特に経済面で不自由を感じない」「ボーナスは満額貯金できる」「職住近接を奨励し、会社で家賃補助もある」「年齢の割に高給」といったコメントが寄せられていた。鉄道会社の方々からも「満足している」との声が得られたなかで、「部署間や考課による差額が小さいためやや不満」との意見も見られた。

また研究職の方々からも概ね「満足している」との回答をいただき、「不自由なく暮らせている」「毎年 100 万円程度は貯金できている」との具体的な理由や、「もし共働きでなければ満足できなかったかも」との声が聞かれた。

最後にメーカーの皆さんから「不満ではないが、技術職がもう少し評価されてもいいのでは？」との声や「専門性の高い仕事に対しては十分な給与が支払われるのが望ましい」とのコメントが寄せられた。また設計事務所にお勤めの方からも「業界全体として「いい設計をすること」の価値＝単価を上げる必要がある」との意見も聞かれ、「十分な給料を支払えているとは言えない」や「今後の投資や展開を考えているので満足していない」といった将来を見据える経営者としての意見も聞かれた。

何度も言うようだが、給料に対する考え方は人ぞれぞれである。しかし、日常生活を支え、災害を防ぎ、広く世の中に貢献する土木の高度な専門性を持つプロの仕事に対し、しっかりとした対価がつかない業界に若者達は夢や憧れを持つだろうか。安全安心かつ質の高い暮らしを実現・維持していけるかは人材の育成にかかっており、見逃せない話である。

4

地方公務員（市町村）

基礎自治体と呼ばれる市町村で働く公務員であり、人口50万人以上の政令市では、土地区画整理や市街地開発に関し、都道府県と同格の業務を行う。一般に市町村の公務員は、住民との関わりが強く、地域に根ざした協働型のまちづくりや市町村管轄の公園、上下水道などの整備・維持・管理、ごみ処理施設の運営など、住民の暮らしと密着した仕事が多い。土木は技術職にあたり、各市町村での試験に合格しなければならない。一方、試験実施時期はA～C日程に別れるなど、職員の募集人数も自治体毎に異なる。市町村の公務員は、当然異動の範囲も勤務する市町村内に限られ、転勤による住居の心配が少ないという点では人生設計を立てやすい仕事といえるかもしれない。

地方公務員（市町村）

市民の安心安全を守りながら目指す、持続可能なまちづくり

横浜市では、道路局・環境創造局・都市整備局・港湾局・交通局などの局・統括本部や、18の区役所の土木事務所などにおいて、道路・河川・上下水道・港湾・鉄道・公園などの都市基盤の整備・管理などの業務で、多くの土木職職員が専門性をいかして活躍している。事業の計画・設計・施工・維持・管理までの一連の流れや、民間などと連携した事業のマネジメントなどさまざまな業務を行うことができる。

２００８年頃から、私はまちづくり調整局（現建築局）都市計画課で横浜市西部・県央部と東京都心を結ぶ新規の鉄道事業である神奈川東部方面線の都市計画手続きを担当した。神奈川東部方面線は、都市鉄道等利便増進法に基づき、整備主体である鉄道建設・運輸施設整備支援機構に対し、国・神奈川県と協調して横浜市も補助を行い、計画的な推進を図る事業である。

都市計画課では、国や県との都市計画の協議、また市民への都市計画の説明会、公聴会など都市計画法に基づく手続きを進めた。さらに、環境影響評価の対象事業のため、都市計画決定権者としての環境影響評価の手続きを関係部署と調整した。

また事業を推進するにあたり、都市施設（道路・河川・公園）やライフライン（上下水道など）の管

仕事の１日タイムライン

※子育てフレックスで 8:00 ～ 16:45 勤務

- 8：00　出勤
  作業：メールチェック、スケジュール確認など
- 8：30　朝礼
- 8：45　作業
  ：資料作成・確認、自席で簡単な打合せ
- 10：00　打合せ：部課長への進捗説明
- 12：00　昼休み
- 13：00　現場
  ：現地調査。検討中案件の現地状況確認に外出
- 15：00　打合せ
  ：他部署と今後の進め方について打合せ
- 16：00　作業
  ：事例調査、メールチェック、
  翌日スケジュール確認など
- 16：45　退庁：子ども迎え、帰宅（フレックス）

庁内の他部署との打合せのようす

部課長説明のようす

JR 関内駅北口 駅改良工事(完了後)

2014 年度から本格実施となった「コミュニティサイクル事業」

理者と調整するとともに、新駅周辺のまちづくりに関わる部署が連携しながら進めることが必要となる。一つの事業を進めるにも、同じ横浜市のなかでもさまざまな部署の職員が関わっている。

その後異動し、自転車のシェア「コミュニティサイクル」の横浜での事業立ち上げを2010年から担当した。現在では多くの都市で導入されているが、当時、日本で導入している都市は少なく、先進的な取り組みの社会実験として導入したのが始まりだ。事業手法を検討するため、どのような仕組みなら事業として継続的に成立するか、複数の事業者に話を聞き、事業者の公募を行なった。また、自転車の貸出返却拠点となる「ポート」の土地確保のため民間や公共の管理者に協力をお願いした。当時は、まずコミュニティサイクルがどんなものかを説明するところから始まり、違法駐輪などの心配の声をいただいた。また横浜市は景観のルールが厳しく、都市デザイン室などの庁内関係部署とどうすれば実現できるかを何度も協議し、納得できるデザインを模索し、ようやくオープンしたときの喜びと達成感は大きかった。その後本格実施となり、自転車の台数もエリアも拡大され、今ではなくてはならないものとして定着している。

横浜市における土木職の活躍の場は広い。一基礎自治体として、日々の暮らしを支える基盤整備・維持管理をしっかりと行いながら、先進的な取り組みを積極的に行い、これまで蓄積してきた横浜市の技術やノウハウを新興国の都市問題の解決に活用し、国際技術協力にも取り組むなど、一自治体にとどまらない活躍の場が与えられているのも大都市ならではだと思う。

公務員を目指したのは、まちづくりや交通計画に興味があり、地方自治体でまちづくりの現場に携わりたいと考えたからだ。地方公務員は、定期的な異動でさまざまな仕事が経験できること、また、転居を伴う転勤がほとんどなく、女性でも働きやすい環境が整っているのも魅力だった。横浜市は、政令指定都市であり、まちづくりにも先進的で港湾事業も行われているなど、携われる業務の幅広い可能性を感じて志望した。学生時代の授業で横浜市の女性職員が生き生きとまちづくりについて講義してくれたのもきっかけだったと思う。

公務員の仕事は一人ではできない。市民や民間事業者、国・県など、多様な立場や考え方の人々と協力し、事業を推進していく。大きな事業になると、完成までに長い時間と労力が必要だ。自分がその一部分でも関わっていた事業が完成し、その後も多くの人に利用されているようすを見たときの喜びも、この仕事の醍醐味だろう。

横浜市には370万人を超える人々が暮らしている。何か一つするにも、賛成の人、反対の人、感じ方は人それぞれだ。ときには市民の方に厳しいご意見をいただくこともあるが、それも一つの意見と、真摯に受け止めていきたい。

公務員の仕事は、一つの分野を専門的に極める人もいれば、ゼネラリストとしてさまざまな分野を経験していく人もいる。何かを成し遂げたい気持ちとそのための努力があれば、自分の可能性を十分に引き出してくれる職場だと感じている。

桟敷 美帆（さんじき みほ）

横浜市都市整備局都市交通課担当係長。まちづくり調整局（現建築局）都市計画課、都市整備局都市交通課、都市再生機構出向、建築局新市庁舎整備担当、政策局政策課などを経て現所属。仕事と子育てに奮闘中。休日の過ごし方：家事、育児、スイーツ巡り。

地方公務員（市町村）

市民とともに歩む地方都市づくりの楽しさ

私は現在、九州東部に位置する大分県津久見市で土木技術職員として働いている。津久見市は海と山々に囲まれる自然豊かな場所であり、セメント町という地名があるほど石灰石産業で栄えてきた。全盛期の１９６０年頃には人口３７０００人を数えたが、今では１７０００人を切り、大分県のなかでは面積も人口も最も規模の小さな「市」だ。

私は２０１１年に入庁後、インフラの維持管理や道路改良などのハード整備、都市計画、さらには企画部署で移住定住や公共施設の管理計画なども担当し、土木に限らず幅広い視点から津久見市をみてきた。ここでは、私が関わったプロジェクトを二つご紹介したい。

まずは２０１７年9月の台風豪雨に関して。市中心部を流れる津久見川が氾濫したことでまちが水没し、甚大な被害を受けた。津久見川は国の河川激甚災害対策特別緊急事業（激特事業）に指定され、大分県によって5か年にわたる河川改良工事が行われることとなる。河川拡幅に伴う家屋移転などにより、周辺景観が劇的に変化し、コミュニティの希薄化や賑わいの衰退などが懸念された。津久見市としては周辺の景観まちづくりに対して検討が必要と考え、大分県と市・大学の三者で「津久見川プロジェクトチーム」を立ち上げた。災害の翌年、まちづくり課で都市計画を担当することになった私は津久見市側

仕事の１日タイムライン

- 8：15　登庁：スケジュール確認
- 8：30　作業：メールチェック
- 10：00　打合せ：コンサル業者との打合わせ
- 11：00　打合せ：庁内関係課との協議
- 11：30　窓口業務：来庁者対応
- 12：15　昼休み
- 13：00　打合せ：課内協議。情報共有、方針確認
- 14：00　現場：現地確認、測量
- 15：30　作業：設計業務
- 16：30　作業：翌日協議の資料作成
- 18：30　退庁
- 19：00　打合せ：まちづくり団体の打合せ
- 21：00　帰宅

激特事業関連プロジェクトチーム協議

津久見観光周遊性創出事業の WS

津久見川激特事業改修中

コンテナ 293 号活用のようす

のチームリーダーとして県や大学と調整を図りながら、地域住民へのヒアリングやワークショップ（以下、ＷＳ）を実施。そこから津久見川の昔のようすや住民の河川改修への期待などを伺い知ることができた。チームでの検討は、親水性を高めるための護岸の工法や、事業で生じる余剰地を憩いの場とするための桜やベンチの配置、さらに架け替えられる橋梁を復興のシンボルと位置づけ、周辺景観との調和を意識した色彩や形状にこだわるなど、多岐に及んだ。これらのうち、市が実施するものについては、国が推奨するまちなかウォーカブル推進事業を活用して、津久見川周辺環境の景観形成に努めている。

次に２０１５年から商工観光課の事業として始まった、まちなかの周遊性向上を目的とした津久見観光周遊性創出事業についてご紹介する。当時私は、プライベートでまちづくり団体 C-Lab.TSUKUMI を立ち上げ、市民と共にイベントの開催などを行っていた。その活動が認められてか、担当課ではないものの事業プロセスの検討や市民ＷＳの進行など、大学と協働しながら主体的に携わらせてもらった。この事業では市民ＷＳで出された意見から、市内で一番集客力のあるつくみん公園に情報発信を行うコンテナ２９３号を設置し、さらに、公園から商店街へ人を誘導するためにまちなか拠点となる Cafe1/2（カフェニブンノイチ）を整備した。活用や管理についてもＷＳ参加者が考え、彼らが中心となりまちづくりツクミツクリタイという団体が設立され、現在はＮＰＯ法人となり私も理事を務めている。行政という立場で事業進行に携わりながらも、一市民として皆さんと共に考え、まちを紡いでいく作業ができるのは小規模の自治体職員として働く醍醐味の一つだと感じる。

大学時代に研究室のプロジェクトで津久見市の公園づくりに関わったのが、津久見市との出会いだった。地元小学生とWSを重ね、市職員や施工業者と具体的な設計施工について知恵を出し合い、公園づくりを行った経験が、私の人生に大きく影響した。将来は漠然とまちづくりに携わりたいと考えていた私は、プロジェクトを通してさまざまな立場の人が一つの事柄に真剣に向き合い、共に目標を目指す過程を経験したことで、津久見のもっと多くの人たちと、まちづくりを深めたいと考えるようになり、津久見市での就職を決めた。人口に比例し職員数が少なくなる行政組織において、一人ひとりの業務は幅広く、互いにフォローし合わなければならない地方自治体だが、一方で、人数が少ないからこそ部署や立場関係なく、やりたいことにこだわり、興味のあることに自ら手を伸ばせば「なんでもできる」ことに魅力とやりがいを感じる。

やりがいは職場内に留まらない。新型コロナウイルスが蔓延した際には、国や自治体による各所への支援が見受けられるなか、私の耳には三密対策の難しいスナック経営者の悲痛な叫びが届いた。市として具体的な打開策を講じることが困難だと感じた私はC-Lab.TSUKUMIとしてスナック店に絞った先払い応援プロジェクトに踏み切り、お客が将来支払うであろうお金を先払いすることで、固定費などに苦しむお店への助けにつなげた。このように行政内部の情報と市民の声を身近に感じとることができ、あらゆるアプローチからまちとの関係性を築けることに楽しみを見出している。

上薗 怜史（かみぞの さとし）

1986年生まれ。2011年大分県津久見市役所入庁。都市建設課、政策企画課、まちづくり課を経て、現在大分県庁都市・まちづくり推進課へ出向中。福岡大学大学院工学研究科博士課程前期修了。休日の過ごし方：イベント主催、フットサル、カメラ。

column
資格の話

技術士(建設部門)

工学系エンジニアにとって最もメジャーな資格といえるのが「技術士」だ。技術士には科学技術に関する21の部門があり、それぞれに技術士と技術士補の2つのレベルで認定がなされる。技術士法の第2条によると技術士とは「科学技術に関する高等の専門的応用能力を必要とする事項についての計画、研究、設計、分析、試験、評価またはこれらに関する指導の業務が行える者」とされている。そのため技術士には豊富な実務経験と高い技術者倫理が求められる。

技術士は文部科学省所管の国家資格であり、取得すると仕事上でのメリットも大きい。例えば会社の信頼性アピールに技術士取得者数は一根拠となる。技術士をもつエンジニアの雇用数が会社の格付けにつながるわけだ。また仕事を請け負った際には、主任技術者などの「責任者」を配置する。当然、技術士取得者がそのポストに着くので社内の要職にも着きやすく、技術士取得者には給料アップや報奨金などの優遇措置のある会社が多い。さらに建設コンサルタントの登録制度は技術士登録した者を常勤の技術管理者として設置することが必須とされ、言い換えれば「技術士」を持っていれば一人でもコンサルタント会社を起業できる。

一方、技術士補は、技術士となるために必要な技能を修習するために、技術士を補助する者とされている。技術士補を取るための第一次試験は学歴や実務経験などの受験資格を問わない。また日本技術者教育認定機構(JABEE)認定課程をもつ大学を卒業すると、そのまま技術士補となる資格が得られるのでチェックしておこう。ただし、技術士のための二次試験を受験するには、技術士補となる資格を有する者として実務経験4年(総合技術監理部門は7年。ただし大学院修了者は2年間短縮)を必要とするので、若手職員の皆さんはそのつもりで励んでほしい。詳しくは「公益社団法人日本技術士会」で検索。

5

ゼネコン

「General Contractor」の略で、総合建設業者を指す。土木や建築に関わる工事一式を元請負者として受注し、施工の全体を管理する仕事である。何をもって「総合」とし、ゼネコンと呼ぶかに明確な定義はないものの、一般には一つの会社で設計・施工・業務効率化のための研究すべてを担当できる会社が当てはまる。土木のものづくりに関わる総仕上げの仕事であり、工事現場の安全性や建設工程さらには工事にかかるすべての費用をコントロールして利益を確保する原価管理などの業務も含まれる。日本のゼネコンが持つ技術力、完成させた建造物の品質の高さは海外でもよく知られており、仕事の現場は国内に留まらない。また近年は女性技術者の活躍もめざましい。

ゼネコン
女性が活躍する土木の現場

就職活動中の学生から受ける質問で最も多いのは、「子どもができても続けられますか？」「休みは取れますか？」「残業は多いですか？」という質問である。そういった質問を通して、ゼネコンのイメージは、私が入社した2007年頃と同じなのだと感じている。ここでは、ゼネコンの仕事内容と、現在3歳の息子を育てつつ、土木工事の現場で働く私の生活を紹介したい。

ゼネコンとは、客先から工事を受注し、人・材料・機械を発注して、工期内に安全に高品質な構造物をつくり上げ、納品する仕事である。工事現場において、ゼネコン社員の役割は工期・安全・品質・環境・お金すべてをマネジメントすることと言える。

過去に東京駅駅前広場工事に携わっていたときには、施工順序や方法を検討し、発注者や関連部署と協議する役割を担っていた。駅前であるがゆえに、駅利用者の動線が関わってくるため、発注者はなるべく早く、部分的でも広場を開業したいと考えていた。そのため、請負者として計画した工程をつくり説明しに行ったとき、開業時期について議論になったことは幾度もあった。その都度、現実的にできる工程と発注者の要望を摺り合わせながら、工事を進める必要があった。

また工事を進める上では、事前に近隣住民や警察、道路管理者、電気やガス・水道などインフラ関係

仕事の１日タイムライン

- 7：40　出発
  ：電車でメールチェック、１日の作業内容・時間を大まかに決める。保育園への送りは夫が担当
- 8：30　出社：通常社員は８時の朝礼に参加
- 8：45　作業：資機材の伝票確認
- 9：00　打合せ
  ：上司との情報共有、仕事の依頼、方向性の確認
- 9：20　作業：資料作成。新規工種の概算費用について
- 11：30　打合せ：工事担当者と現場の状況確認
- 13：00　作業：資料作成。発注者依頼の資料作成
- 15：00　打合せ
  ：概算費用に関する発注者打合せ（外出）
- 17：15　直帰
  ：時間がもったいないので、外出の予定は夕方に入れる
- 18：15　保育園お迎え
  ：電車でメールチェック、明日の予定を確認

東京駅前広場

工事中のようす

者との協議も必要となる。これらの協議を踏まえて、実際に施工する協力会社と打合せを重ね、調整しながら現場を進めていく。このように、工事の計画と協議、調整で現場の方向性が決まると言っても過言ではない。

一方、工事を進める上でお金のマネジメントも重要な役割だ。現在の私の業務は、地下鉄工事の工事費の管理と設計変更への対応である。工事費の管理については、通常工事を請け負った段階で契約金額が決まっているため、そのなかで会社としての利益を確保しながら工事が進められるよう、人・材料・機械の発注管理をしていく。では、設計変更とは何か。

最近では、土木工事も自動化施工の技術導入が進んでいるが、地下鉄や地下の高速道路など私が携わる都市土木の分野では、今でも人による作業が主である。なぜかというと、都市土木では、電気やガス・水道などのインフラや、地下鉄・地下道などの構造物が錯綜しているため、狭い範囲で地下を人力掘削し、新しい構造物をつくる仕事が多い。都市部の地下に埋まっている物は概ね把握できるものの、予測しない物が埋まっていることが多々ある。その場合、人による作業が主であるため、工程やお金に与える影響が非常に大きい。都市土木で予測しないものが埋まっていた場合には、発注者との間で工期や費用などの設計変更、つまり契約変更を行う。一方で、山岳部の土木分野においては、施工中に当初の想定と異なる自然状況（地層の変化など）が発生した場合に、設計変更となる。このように、都市土木・山岳部の土木共に、設計変更は土木工事特有といえる。

私がゼネコンへの就職を決めたのは、学生時代にインターンシップで工事現場を見に行ったときである。ゼネコン社員・複数の協力会社・警備会社など多くの人たちが同じ方向を向き、一つの物をつくる。当時、その詳細は分からなかったが、工事をマネジメントするという仕事に魅力を感じた。

一つ目の現場では、1日コンクリートを無事打設できただけで達成感を得た。二つ目の現場では、担当工種の一つを計画し、協力会社と打合せをして、その工種が無事終わると達成感を得た。今は、工事の区切り、発注者との設計変更が終わると達成感を得られる。ゼネコンの仕事は、現場でどのような役割を担っていても、目の前で構造物ができあがっていくのを見ながら達成感を味わえる。学生時代に感じた仕事の魅力は今でも変わらず、出産後も自ら希望して現場に配属してもらった。子どもができた今では、自分が携わった土木構造物を子どもに見せられることも魅力の一つだ。

女性の土木技術者は年々増えている。ただ、現場は昼夜動いているし、発注者からの要望がない限り、土曜日も祝日も作業を行う。つまり、現場で事故やトラブルなど何か起これば対応せざるを得ない。一方で子どもを育てるということも、子どもの急な病気など何か起これば対応せざるを得ず、この両立を実現できる方法はないかと模索中だ。働き方改革の波に乗って、現場の働き方も変わっていくと、女性の土木技術者が活躍する場面がもっと増えてくると感じている。

村上 麻優子（むらかみ まゆこ）

1984 年生まれ。鹿島建設株式会社東京土木支店。工事課長代理。埼玉大学工学部建設工学科卒業。休日の過ごし方：子どもと公園で遊ぶ、お出掛け。

ゼネコン

構造物の製作責任者として、現場を動かす

私が入社４年目で担当した現場は、延長約２５００ｍの新幹線の高架橋を築造する工事だった。近接する約１９００ｍのＪＲ線を運休することなく工事を行い、構造物全体が４万m^2程度の膨大な量のコンクリート構造物となること、高速列車支持物として高い品質が求められたことなど、施工管理担当としてやりがいのある現場であった。

そもそも施工管理とは、契約条件に基づき設計図書通りの工事目的物を、工期内に経済的かつ安全に施工するために最善の方法を検討して、工事の計画及び管理をすることである。なかでも私はこの現場で、出来形管理・品質管理・安全管理を任されていた。

一つ目の出来形管理は、製品規格値の管理である。発注者の最低限の要求ラインであり、できて当たり前ではあるが、実際は簡単ではない。具体的には設計図面の照査、限りなく正確な測量の実施、協力会社への明確な指示と施工の確認、時にはコンクリートの打設荷重による型枠のズレなどをチェックする。計画・検討から施工完了まで携わると非常にやりがいのある仕事だ。

二つ目の品質管理は、要求機能の管理である。主にコンクリートの品質管理に従事した。コンクリートは打設の仕方で大きく品質が変わるので、施工会社の技術力に大きく左右される。事前に生コン車や

仕事の１日タイムライン

- 7：15　出社
- 7：45　現場：全体朝礼、危険予知活動
- 8：00　現場：現場巡視、協力会社と現場で打合せ
- 9：00　現場：測量
- 11：00　現場：発注者立会の準備
- 12：00　昼休み
- 12：45　打合せ
  ：本日・明日の作業内容確認、作業調整など
- 13：00　打合せ
  ：協力会社と個別に今後の工程、施工方法など（事務所）
- 14：00　現場：発注者立会。出来形確認、品質確認など
- 15：00　作業：資材・使用機械などの手配。作業段取り
- 16：00　現場：測量、現場巡視
- 17：30　現場：夕礼（職員のみ）
- 18：00　作業：メールの返信
- 18：30　夕飯
- 19：30　作業
  ：内業。施工図の作成、作業計画書の作成など
- 21：00　退社

完了航空写真

完了終点側

検測状況

スラブコンの施工状況

ポンプ車の配置場所、無理のない打設順序を打合せして、当日は決められた打設方法が取られているかを確認する。発注者により良いものを引き渡したいという思いで、作業員と一致団結して施工に取り組んでいる。

三つ目の安全管理は、危険を回避することである。安全には絶対はない。作業前に施工条件による危険要素の洗い出しと施工方法の検討、施工時はさまざまな視点から危険の芽を察知し、都度対策をとる。例え作業員に嫌な顔をされても、安全のために注意することは私たちの仕事の一つである。

ゼネコンの仕事のやりがいは、目に見える成果がそこにあり、発注者・コンサル・下請け会社などさまざまな人と一緒になってつくりあげていくこと、難易度が上がれば上がるほど技術者の力量が試され、その結果現場が動き達成感が共有できることではないかと思う。現在は全国的にインフラが整備され、建設への投資が今後爆発的に伸びることは期待できない。しかしながら、インフラの更新・維持管理・自然災害への対応など、我々が生活していく上での不可欠な社会資本を未来へつないでいく重要な役割はなくなるものではないはずだ。

この仕事を一言で表現するならば「構造物の製作責任者」と言える。トンネル・ダム・橋など大規模な構造物をいかに安全かつ高品質で時間内に経済的に製作するかを求められる。生産したものを販売するのではなく、依頼人（発注者）からの要求に対して完成物を約束してものをつくる仕事であり、「一品受注生産」になることも特徴である。

学生時代、土木学科を専攻していた私は、ぼんやりと公務員になり地元で暮らそうと考えていた。しかし、具体的に自分の将来を思い描いたとき「一度きりの人生なら一か所にとどまるのはもったいない。いろんなところに行ってみたい」と思い、就職先にはゼネコンを選択した。最初に配属された部署は設計業務を行う土木設計部であった。ここでは発電所施設の構造設計や山留の仮設計算などを行った。4年後、次に配属されたのは今回紹介した新幹線の現場であった。

現場では施工管理が主な仕事だった。安全・工程・品質・出来形管理・資機材の調達などやることは多岐にわたり、残業は多く、工程が厳しいため土曜出勤もやむを得ない状況が多かったが、その分やりがいのある仕事でもあった。現場での仕事は、自分のやることが遅れたり手戻りが出た場合に、協力会社はもとより、関係する工事・発注者など多くの人々に迷惑をかけるため、期限を死守せねばならない。そのため、残業や休日出勤なども多くなる。

設計、そして現場での施工管理を経験し、実際のものづくりに携わって実感したことは、土木工事においては発注者やコンサルはもとより、協力業者の作業員・資機材業者などさまざまな分野の多くの人が関わってものができていくことだ。そして、土木の構造物は「一品一産」であり、同じ場所に同じ条件で同じものをつくることはない。苦労は多いが、できていく過程が実感でき、達成感もあり面白みのある仕事だ。

末永 怜士（すえなが さとし）

1990 年生まれ。前田建設工業九州支店土木部主任。九州大学大学院修士課程修了。4 年間の本社勤務後、九州支店の現場に配属。休日の過ごし方：3 歳の娘と公園で遊ぶ、妻のご機嫌とり。

ゼネコン

国際プロジェクトで現場を先導する技術者

私が担当している海外土木プロジェクトについてお話をする。日系企業が関わる海外インフラ工事は、その多くが日本の外務省が発注するODA工事や現地政府発注工事となるが、今回は現地政府発注の案件を例にしたい。例えばシンガポールや香港では、1件当たり数100億円規模の大型工事が国際競争入札で発注される。我々ゼネコンは、現地の設計コンサルタント会社と組み、3～4か月という短い入札期間内で設計・施工計画を仕上げ、多くは最安値の入札金額を提示した会社が入手する、いわゆるガチンコ勝負で仕事を取りに行く。この入札に参加する企業は、日・中・韓をはじめ、現地・豪州・欧州のゼネコンで、世界を相手に勝負することとなる。実際に工事を入手できたら、工事用地の確保からはじまり、道路や埋設物の切り回し、近隣住民との折衝、専門工事業者・工事資材供給会社・大型機械の選定及び契約などがプロジェクト初期の主な仕事となる。設計施工案件であれば、構造物の設計はもちろんのこと、近接構造物影響評価・環境影響評価・計測計画を行い、諸官庁の承認を得る必要があり、これが遅れるとプロジェクト全体の工程が遅れるため、プロジェクト初期の重要な仕事の一つである。

具体的に、地下鉄や道路トンネル工事で採用されるシールドトンネルの場合、①シールド発進及び到達立坑の築造、②発進基地の設置、③シールド機搬入及び組み立て、④発進（初期掘進）、⑤本掘進へ

仕事の１日タイムライン

（若手現場技術者時代）

- 6：00　起床
- 7：30　出社
- 8：00　現場：巡視。測量も（朝礼後）
- 10：00　作業：材料発注、作業指示書作成
- 12：00　昼休み
- 13：00　打合せ：協力業者
- 14：00　現場：巡視
- 15：00　作業：工事写真整理
- 16：00　現場：巡視、進捗確認
- 17：00　打合せ：社内
- 18：00　作業：夜勤への引継ぎ
- 19：00　退社

シールド発進基地

シールド発進準備工

シールド初期掘進

シールド到達

シールドＵターン

シールド３台同時掘進

の段取り替え、⑥本掘進、⑦到達、⑧シールド機解体、⑨立坑内本設構造物の構築、⑩立坑埋戻し、といった流れでプロジェクトが進捗していく。規模によるが、工事期間は、一般的に下水道工事は2～4年、地下鉄工事は4～6年と長期になる。

実際に工事現場を運営していく上で、日本と海外（とくに、インフラ先進国と言われるシンガポールなど）では大きな違いがある。設計段階において、設計会社が作成した設計図書を発注者が照査を行うまでは国内と同じだが、さらに、AC（Accredited Checker）と呼ばれる設計図書の照査専門に別途雇用された設計会社による承認を得た後、設計承認専門の省庁による承認を得る必要がある。施工段階では、発注者（主に工事予算・安全・工程の管理）及び発注者が雇用した現場管理チーム（主に品質管理を担当する、設計に精通した技術者集団）が現場に常駐している。

発注者がここまで厳しく管理する理由として、ほぼすべての建設労働者がインド・中国などからの出稼ぎであるため、労働者レベルにおいては、共通言語がない（理解の不一致）、担当する工種に精通していないなどにより品質面及び安全面において不安があること、また、都合の悪いことがあれば隠ぺいすると考える性悪説に基づいた管理を発注者が求めているためである。このような環境下なので、工程短縮や利益回復につながる施工手順の変更や新技術を提案し、それが承認されたときの喜びは一塩だ。

私が土木工学科を目指すきっかけとなったのが、まちなかでよく見かける工事現場である。あの仮囲いの中で何が行われているのだろうか、鉄板で覆われた道路の下でどんな難工事が行われているのだろうか、と想像を膨らませていた。30年も前の時代だからGoogleやYouTubeもなく、身近に建設業界の人間もいなかったので、興味先行だった。そして、いつの時代でも必要とされるこの建設業界で働くことが私のなかで必然なこととなった。入社後、海外でのビッグプロジェクトの話を耳にするようになり、興味を持ち始めた頃、運良く海外出張の話が舞い込んできてから私の海外人生が始まった。海外での仕事に興味を持っている読者も多いと思い、以下、よく聞かれる質問と私の答えを紹介したい。

「どうやったら海外に行けますか?」当社の場合、上司との面談で海外希望を申し出て赴任する若手が多い。「赴任前、英語を勉強しましたか?」私の場合、1か月前に赴任を打診されたためまったくできなかった。だから人生で一番英語を勉強した大学受験以来、ほぼ勉強していない。「では、英語を使えないのでは?」と心配されるかと思うが、大丈夫。半年あれば、英語を使って仕事ができる。英語が話せないといけない環境下に置かれれば、皆さんのなかに自然に備わっている環境適応能力でカバーできると思う。土木という学問に国境はないが、技術面で遅れている国は多く、我々日系企業の果たす役割は大きい。海外で活躍する自分の姿を想像してもらいたい。

吉田 吉孝（よしだ よしたか）

1974 年生まれ。西松建設株式会社国際事業本部土木統括部設計課長。技術士（建設部門）。1998 年、早稲田大学理工学部土木工学科卒業。同年、西松建設株式会社入社。国内首都圏およびシンガポールにおいて多くの大型土木インフラ工事に従事。2021 年 6 月現在、シンガポールに駐在。合計 12 年間の海外経験。休日の過ごし方：旅行、ゴルフ。

column

働き方について①　業界本音トーク

今度は土木の仕事を巡り、現状の働き方について満足しているか聞いてみた。まず国家、地方ともに公務員が満足している理由として最も多かったのが「週休 2 日制」と「有給が取りやすい」であった。国家公務員からは「人間関係が良好」といった理由も挙げられていた。一方、満足していない理由として「人員が少なすぎる」「中途で入ってくる人材が少ない」等も挙げられ、総合職の方からは「外発的な事柄に左右されることが多く、自分のペースで仕事がしにくい」といった意見もあった。また地方公務員の満足の理由として「福利厚生が充実」や国家公務員と同様に「人間関係が良好」との声が多く挙げられていた。さらに「休暇が取りやすい雰囲気」も多く、女性職員の方からは「子育てや介護にも配慮があり、休暇制度も整っている」との理由が挙げられている。一方、不満とまではいかないまでも「職場によっては人員が足りておらず、有給が取りにくいこともある」「災害発生時には休日返上で現場に駆けつけなければならない」との声も聞かれた。

一方、建設コンサルタントの方々からは「忙しい時もあるが、やりがいをもって働けているので満足」や勤続 35 年以上の方から「週休完全 2 日で有給も取りやすい（ほぼ毎月取得）」との回答が得られた。また「人間関係もよく、社内制度も整っている」とのコメントに加え「年度末など集中して忙しい時期があり、やりがいと家族との時間のバランスが難しい」や「災害対応時などはゆとりを持って仕事ができない」などの意見もあった。また満足していない理由に「働く時間が長い」が挙がる一方、「休暇は比較的、希望を出せば取りやすい」や「年末年始などは長期休暇も取れる」との回答も寄せられた。また海外で働く方からは「現場事務所は就業時間どおり」「週休完全 2 日で通勤時間も短く、日本にいる時よりも家族との時間がとれる」といったコメントが得られた。

6 メーカー

土木が対象とするインフラには多くの「製品」が存在する。例えば道路や橋には横断・転落を防止するための柵が設置され、公園には子ども達が遊ぶための遊具、駅前広場には街灯や人が快適に通れるシェルター（上屋）なども置かれている。これらを素材の加工から組み立て、製品化し、現場に供給するのがメーカーの仕事である。製品と言ってもその規模は大小様々あり、製品自体の機能性や品質を踏まえながら、営業企画や設計、現場への施工管理など、仕事内容は多岐にわたっている。土木の空間を魅力ある製品によって支えるメーカーの仕事は、老朽化が進むインフラの改修や維持補修においても活躍が期待される。

メーカー

素材を知り尽くしまちづくりに携わる、アルミエンジニア

「メーカー」と聞けば、自動車や製薬など身近にある製品のことを思う方が多いだろう。私が属する企業は、アルミニウム素材を基盤とした土木・建築向け製品（車両用防護柵・バスシェルター・防災対策製品など）の「企画・設計・製造・施工・維持管理」まで一貫して行なうメーカーとして、国内外のインフラ整備に貢献してきた。メーカーの仕事を簡潔に言えば「モノを考えて」「モノをつくって」「モノを売る」こととなる。素材を知り尽くした上での仕事という意味では、エンジニアリング企業と考えている。

アルミニウムといえば、1円玉やアルミホイルなど皆さんの身近なところで広く使用されている材料であるが、そのアルミニウムにマグネシウム・ケイ素・銅などの元素を添加することで、「アルミニウム合金」として、高強度・高耐食などの特性を持つ材料に変身する。アルミ合金材は鋼材と比較して「軽い」「比強度が高い」「錆びない」などの特徴があるため、その用途としては、自動車部品、航空機・鉄道車両のボディ、建築用材料など、都市の発展と高度化に合わせて幅広い分野で使用されている。

ここでは、アルミを使ったプロジェクトを紹介したい。近年の激甚災害から人々を守るため、国や地方自治体では、港湾や漁港の津波・高潮対策事業が急ピッチで進められており、その一つとして、津波

仕事の1日タイムライン

- 8：45　出社
- 9：00　作業：メールチェック、電話対応
- 10：00　打合せ
  ：社内。製品チーム内での設計進捗状況の共有など（8割以上オンライン）
- 12：00　昼休み
- 13：00　設計業務：製品Aの構造検討、作図
- 15：00　打合せ
  ：社内。関係部署とプロジェクトAについて
- 17：00　解析業務：製品Bの数値解析、構造計算
- 18：00　作業：日報管理、メール返信など
- 19：00　退社

社内打合せ

アルミ床版外観

陸閘裏側

陸閘表側

や高潮などの水害から人の生命と財産を守る「陸閘（りくこう・りっこう）」の整備が全国各地で行なわれている。陸閘とは、港湾エリアなどを仕切る防潮堤の出入口に設けられ、暫定的に堤防の役割を果たす施設のことで、引戸式・片開式など多くの種類があり、ゲート幅は３ｍから20ｍ、高さは２ｍから６ｍ級まである。

アルミ合金は重量比が鋼材の約１／３に抑えられるため、陸閘動作に必要なエネルギーも抑制され、電源喪失時の手動操作も省力化できる。

陸閘の設計は、材料・構造・機械・電機を操れる力を考慮することが必要で、難易度も比較的高い。私が担当したプロジェクトのなかでも群を抜いていたのが、東日本大震災での津波で大きな被害を受けた岩手県沿岸で、幅13ｍ・高さ5.5ｍの日本最大級の電動スイング式ゲートである。スイング式ゲートとは、片側に設けたヒンジを軸に回転する構造で、ヒンジの通りを出すためには、設計工夫に加え、現場での施工精度も大変重要となる。主桁に使用したアルミ合金板は40㎜厚、総重量は25ｔを超えるゲートの設計担当として、受注者との協議・構造検討・設計作図・製品検査・竣工立会などに一貫して従事したが、未だかつてない規模のため、計画から竣工までに約3年を要した。

「設計」のイメージとしては、対象物を計画し、設計・作図すると思う人が多いだろうが、エンジニアリング企業である我々の場合、客先への製品ＰＲを皮切りに、竣工時の製品引き渡しまで関与するため、エンジニアが活躍する場はかなり多くなる。従って、人々の安全・安心を守るために、信頼されるエンジニアでなければならない。

前述の通り、現在は設計職に従事しているが、幼少時代からものづくりには興味があり、将来はエンジニアになることが夢であった。大学時代には、某有名テーマパークでアルバイトを経験し、人々の喜びを創造するフィソロフィーを学んだ。

所属の会社と運命の出会いとなったのが、大学での企業説明会だったが、この仕事は、自ら設計した製品が「半永久的にカタチに残る」ことが、何よりもやりがいである。アルミ構造物は朽ちることなく、人間の寿命以上の耐久性を持っており、とくにインフラ向けの構造物は、一品一様（オーダーメイド）が多いため、その土地の風土や条件に調和した構造やデザインの製品が設計できることはやりがいを感じる。その分、エンジニアは責任の塊でもあると私は痛切に思う。

製品の設置後に、地域住民の方と会話ができたこともあった。住民の方々から一言「ありがとう」とお褒めの言葉をいただけることがあり、学生時代のアルバイト経験からその言葉はとても心に沁み入る。逆に厳しくお叱りをいただくこともあるが、エンジニアにとっては、両者とも嬉しいことであり、自身の成長にもつながると思う。

まちづくりに携わるアルミエンジニアとして、全国各地で仕事をしてきたが、今後は世界で飛躍できるエンジニアを目指していきたいと考えている。常に「すべての人の安全・安心」を念頭に置き、人々の幸福を支えることが、エンジニアの役目であると私は強く思っている。

御手洗 恭平（みたらい きょうへい）

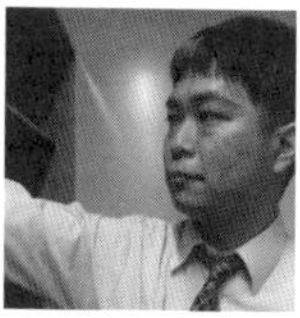

1991 年生まれ。福岡県出身。日本大学理工学部土木工学科卒業後、日軽エンジニアリング（株）に入社、現在に至る（現：設計技術部構造物チーム）。週休は完全 2 日。在宅勤務率は週 3 日。休日の過ごし方：夢の国散策、子どもたちと遊ぶこと。

メーカー
800人20万個のパーツが関わる現場

一言でプラントと言っても多くの種類がある。例えば化学工場・製薬工場、製鉄所の高炉、液化天然ガスや石油等を保存するタンク、そして発電所だ。そのうち、私は入社以来長らく、火力発電事業に関わってきた。

プラントメーカーは、新規プラントの計画・設計・製造・建設、そして建設後のメンテナンス、性能向上のための改造、運転の指導まで、多岐にわたる範囲に関わる。また規模やプラント性能を検討し図面として形にする本社、図面通りかつ効率的に製造する工場、製造した製品を安全かつ高品質で据付け完成させる現場、という3つの組織を通してものづくりを実行している。メーカーとは設計・製造・据付の工程を自ら実行し、お客様に完成した製品を納品できる組織である。

私はこれまで建設部と設計部に在籍し、現場監督とボイラ本体設計を経験した。このうち現場監督には定期のメンテナンスと新規建設の2種類がある。メンテナンス事業では火力発電所の損傷箇所を修理するため、工事を計画し実際に現場で下請け会社に指示を伝えて実行する。新規建設では調査・計画のため2〜3年ほど現地に住み、鉄骨を建て、ボイラ本体を据付け、配管をつなげ、機器を納める。文字にすれば単純だが最大800人以上が関わる大規模なプロジェクトだ。特に大手重工業メーカーが施主

仕事の１日タイムライン

- 7：00　出勤
- 7：10　作業予定表作成
- 7：45　監督者ミーティング
- 7：50　業者責任者ミーティング
- 8：00　全体朝礼
- 8：10　担当業者への作業指示 / 危険予知ミーティング（安全）
- 8：30　入荷品荷下ろし / 製品輸送対応 現場巡視
- 11：00　翌日の重機予定会議
- 12：00　昼休み
- 13：00　担当業者への昼作業前ミーティング
- 13：10　製品輸送対応 / 現場巡視 / 据付状況、品質状態確認
- 15：00　業者責任者ミーティング（木曜は週間工程会議も）
- 15：20　翌作業段取り、作業資料、工事計画
- 16：00　製品輸送対応 / 現場巡視 / 据付状況、品質状態確認 / 他業者との作業調整
- 17：00　実工事作業終了、状況確認
- 17：30　監督者終礼ミーティング
- 18：00　工程表作成、海上輸送計画、入荷日程調整、据付記録作成、工事計画
- 20：00　退社

建設中の火力発電所と、大物輸送車両

50t ほどの大物輸送の風景

小径配管の荷下ろしのようす

火力発電プラントのメンテナンス工事（マレーシア）

の場合、700MW級の大型ボイラをつくることもあり（平均は300MW程度）、建設地域周辺の重要なエネルギー供給元となりえ、また海外工事では国家プロジェクトであることも少なくない。

現在私は700MW級の大型ボイラ建設のため神戸市に赴任し、現場監督として現場ではマテリアルコントロール（後述）と鉄骨建方担当監督を兼務している。このプロジェクトは650MWのボイラを神戸市のまちなかに2基建設する都市近郊型の案件だ。大都市の中心に建設するため、景観に考慮してデザインされた壁や煙突から出る水蒸気の雲を除去する装置などの設備設置や、工事車両の入場台数制限と指定道路以外の通行止めほか環境影響に基づく規制など、都市型建設特有のさまざまな制約がある工事になっている。

そんな中でマテリアルコントロールとは、製品の入荷日程、置き場の確保と保管、置き場から現場への輸送を管理する役目だ。据付の期日に製品がなければ据え付けられない、一見すごく単純なことだが、大型のプロジェクトにおける製品のパーツ数は20万個を超え、大きさは20mオーバーから10㎜単位までさまざまで、そのすべての入荷・輸送日程を工程に合わせ頭が混乱しそうになりながら調整する。また大物輸送の場合はクレーンの手配や作業員の配置、道具の準備なども行うため、現場でのコミュニケーションも現場監督最大の仕事でもある。

「何かをつくる職業に就きたい」工学部を志したのはそんな漠然とした考えで、土木に入ったのも特に目標があったわけじゃなかった。ただどうせなら大きくて、複雑で、高度なモノに携わりたいと思い、多くの事業領域がある重工業メーカーを志望した。

入社して最初は、エネルギー事業の現場工事を担当する、要するに現場監督になった。正直に言うと、設計を志望して入社したのにと不満に思ったのを覚えている。後にお酒の席で聞いたが、入社の面接をした試験官が口が立つから現場向きだと判断したそうだ。はじめは原子力発電所の定期点検工事に行き、その後火力発電所の工事に携わったが、まさか自分が人生で原発に入ることになるとは思ってもみなかった。当時、まだ福島第一原発事故から3年程度で不安もあったが、貴重な体験で興奮したのは忘れられない。また日本各地の発電所を2〜3か月のスパンで移動するので、友人との電話で最初に聞かれるのは「今どこにいるの？」が定番だった。その後は設計部に異動になり、火力発電所の本体部分の設計者になった。自分が設計した製品について、壊れないか？重量的にもつか？いろいろな不安を感じるがそれを一つひとつくまなく確認していく作業を経て、製品に自信を持てるようになることが誇らしかった。その過程のなかで、現場での経験、設計での経験その両方が合わさって役立っていた。

土木の現場・設計・計画すべてを経験できるメーカーで欲張りな経験を積むのはいかがだろうか？

髙橋 優介（たかはし ゆうすけ）

1990年生まれ。㈱IHIプラント勤務。2014年福岡大学工学部社会デザイン工学科卒業。2014年IHIプラント建設㈱入社。入社後、原子力および火力発電のエネルギープラントのメンテナンス工事ののち、㈱IHIへ出向し火力発電所の新設設計に従事、現在は新規建設プロジェクトに在籍。休日の過ごし方：釣り、ドライブ。

働き方について②

column
業界本音トーク

続いてゼネコンやメーカーなどで働く方々からの回答を紹介したい。寄せられた満足の理由には「完全週休 2 日で実残業時間分を会社へ申告できる状況になった」「パワハラ、セクハラに関する処分が徹底されてきた」「有給休暇の消化が規定されるようになった」など、労働環境の改善に関するコメントが多く寄せられた。また女性職員の方からは「子どものお迎えなども配慮してもらっている」との声もあった。一方「どうしても労働時間が長くなりがちでやや不満」との意見も見られた。残業に対しては「建設業界で働くからにはある程度仕方ない」「さほど多くない」など、さまざまなコメントが寄せられている。

次にシンクタンクの方から「裁量制で働き方の自由度が高い」「他業種との交流が多い」とのコメントや、インハウス・エンジニアから「忙しいが仕事のテーマや有給休暇の取得に裁量がある」「やりがいを持って働ける」などの回答が寄せられた。測量・調査会社からも多くの回答があり、「技術について議論できる仲間がいて満足」「完全週休 2 日制で長期休暇も取りやすい」「出張時は直行直帰が原則」「テレワークも推奨」などの意見が得られている。一方で設計事務所の方々からは「どうしてもやれるだけ仕事をしたいと思ってしまう」「年齢と共にバランスを見直す必要を感じる」など、やりがいある故の悩みが垣間見られた。

一方、電力会社、鉄道会社、都市再生機構の方々からは「完全週休 2 日」「有給休暇が取りやすい」との声が多かった。不動産会社からは「コミュニケーションツールは一通り揃っており、働く場所も自由に選択可」「再開発事業の工事が複数あると勤務時間が長い（終電も多数）」といった意見もあった。最後に大学の研究職から「裁量労働制なので自由がききやすい」との回答があった一方で「子どもの数が減り、大学での教育改革がより進むだろう」との意見も。さてあなたの働き方は・・・？

7

鉄道会社

旅行や通勤・通学など、私たちは多くの移動を伴いながら生活している。これを支えるのが人や貨物を運ぶ鉄道会社の仕事である。陸上あるいは地下にレールを敷き、多くの人々を高速かつ安全に運ぶこと、さらに全国至る所にまで鉄道網を繋げ、人々の生活に欠かせない物資などを供給する。また駅では多方向に進む複雑な人々の流れを円滑に通さなければならない。地域の玄関口となる駅前広場は来訪者が快適に過ごせる滞留空間としての機能も求められる。鉄道会社はそうした機能性と快適性、両方を備える交通網、交通拠点の形成を担う仕事といえる。

鉄道会社

訪れたくなる駅とまちを目指して

渋谷は、多くの人々が集まる文化や情報の発信地だ。4社9線の鉄道路線が結節する国内屈指のターミナル拠点（乗降客数約330万人／日）であるとともに、スクランブル交差点やセンター街、たくさんの大型ファッションビルがひしめき合う。一方で、駅施設は増改築が繰り返され複雑化しており、駅周辺は、JR線や国道246号線などによる歩行者動線の分断、安全で快適な歩行空間の不足、谷地形のためゲリラ豪雨による地下の浸水被害を受けやすいなど、多くの課題を抱えていた。そのなかで、東急東横線の地下化や東京メトロ副都心線の直通運転の決定が契機となり、行政・地元・鉄道会社・開発事業者の連携による100年に一度の大規模再開発が動き出すこととなった。

この再開発では、①基盤整備②鉄道改良③ビル再開発の大きく三つの事業を行っている。このなかで、私は基盤整備事業の一つである土地区画整理事業を担当している。この事業の目的は、駅前広場などの公共施設の整備による渋谷の課題解決と、その後のビル再開発事業につながる利用しやすい宅地への形状変更である。そのため、複雑な動線の解消、歩行者の滞留空間を生み出す地上及び東口地下広場の整備、その際支障となる渋谷川の移設、ゲリラ豪雨及び浸水対策として雨水貯留槽の整備などを行っている。

そのなかで私は、施工監理及び行政・周辺事業者との協議・調整を担当している。渋谷駅周辺では、

仕事の１日タイムライン

- 9：00　出社
- 9：30　作業
  ：メールチェック、１日の作業整理・段取り
- 10：00　打合せ：社内。チームミーティング
- 11：00　打合せ：事業者。工程調整
- 12：30　昼休み
- 13：30　打合せ：行政。工事に関する申請について
- 15：00　打合せ
  ：施工業者。工事進捗、施工計画の確認
- 18：00　作業：打合せ結果の整理（帰社）
- 19：00　作業：打合せ資料など作成
- 20：00　作業：翌日作業の段取り、メール返信など
- 21：00　退社

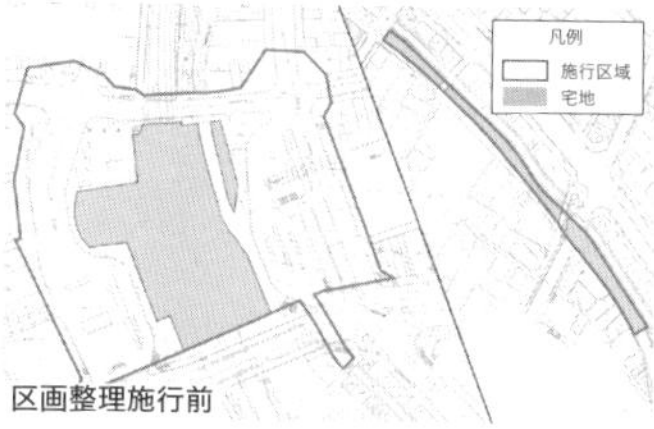

区画整理施行前

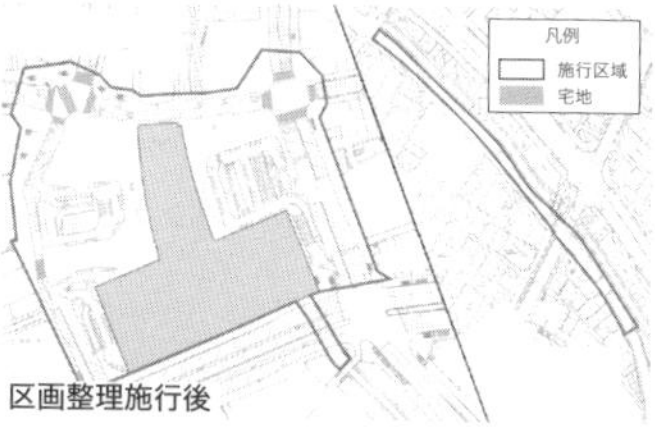

区画整理施行後

雨水貯留槽

※１、２、４枚目出典：渋谷駅街区土地区画整理施行事業者

地下施設の断面図

利用者の多い鉄道及びバスの運行を止めることなく、また歩行者動線を常に確保しながら安全に工事を行う必要がある。また、鉄道やビルに囲まれた中で、渋谷川・地下広場・雨水貯留槽という三層に重なる地下施設を整備するなど、工事は難易度が高い。そのなかで、整備する施設の品質を確保しつつ、スケジュール及び予算通りに進めるために、現場に足を運び作業の確認や検査を行い、施工業者や設計者と工事の施工計画や設計に関する打合せを日々行っている。打合せでは、安全を第一に考えつつ、現場の条件を設計に反映しコストダウンを図るなど、より経済的かつ合理的な施工計画や設計になるように積極的に提案することを常に心がけている。もちろん入社したての頃は工事のことは詳しくはわからないが、夜間工事に立ち合い作業員の方々に直接話を聞くなど、多くの人に意見を求めることで適切な提案ができるよう努めた。

また、渋谷駅周辺では本事業のほか、銀座線移設工事・駅改良工事などの鉄道改良事業、渋谷スクランブルスクエアなどのビル再開発事業といった多くの工事が輻輳している。ほかの事業も含めた多くの関係者との協議・調整が必要であり、周辺事業者や行政との打合せでは、自分の担当事業だけではなく各事業の最適を考えて協議・調整を行うことで、むしろ彼らからの協力を得られた。その結果、2019年11月には東口地下広場、2020年8月には雨水貯留槽を予定通り供用開始できた。このように、施工業者・事業者・行政など多くの関係者と会話し、マネジメントしながら、駅周辺の環境向上に向けて事業を進めていく役割が求められる仕事である。

大学・大学院で在籍していた土木学科で、地下構造物の構造設計を研究しているうちに、多くの人の目に触れる仕事がやりたいと考え、人々が行き交う駅周辺の大規模工事を担っている鉄道会社に興味を持った。なかでも、駅の改良工事のみにとどまらず駅周辺も含めた面的な開発を行い、多くのグループ会社とのシナジー効果により沿線価値の向上を図っていることに魅力を感じ、当社に入社した。

グループ会社や駅での研修後、希望していた渋谷の再開発部署に1年目の終わりから配属された。若手が積極的に活躍できる環境があり、自身が主体的に行った協議・調整により事業が進んでいき、日々そこにやりがいを感じている。なかでも一番やりがいを感じたのは、竣工まで初めて担当した東口地下広場の供用開始の日である。この広場は商業施設である渋谷スクランブルスクエアと同日付での供用開始を関係行政・事業者と約束しており、工事や供用開始に必要な手続きの遅れが一切許されなかった。そんななかで、接続する渋谷駅や渋谷スクランブルスクエアの関係者に加え、将来施設の管理者となる行政など、多くの関係者との協議・調整を同時並行で行い、日割りのスケジュール管理を進めたことで、どうにか予定通りの供用開始を迎えられた。その日の朝、私はこの広場に立ち、行き交う人々が急に現れた空間に驚く姿を見ていた。今後、何十年も残る施設の完成に携わることができ、また利用者の反応を直に見ることができ、これまでにない大きなやりがいを感じられた経験となった。

石田 充朗（いしだ みつお）

1991年生まれ。東急株式会社渋谷開発事業部開発推進グループ都市基盤整備担当。2016年度入社。大学院では建設工学専攻。休日の過ごし方：フットサル、ギター、釣り、旅行。

土木施工管理技士

column
資格の話

土木工事における施工管理の技術レベルの高さを認定するのが「土木施工管理技士」である。土木施工管理技士は国土交通省が管轄する国家資格であり、1級と2級さらに2021年度からはそれぞれの級で「技士補」が創設された。1級土木施工管理技士のメリットとしては、例えば有資格者であれば会社が営業所ごとに必ず配置しなければならない専任の技術者および現場に配置する監理技術者のポストに着くことができる。また公共工事の入札に参加する建設業者は、工事の規模、技術的水準などに見合う能力を持っているかを点数化して評価する「経営事項審査」を受けることになるが、1級土木施工管理技士の有資格者は一人に対し5点の高い点数が加算される。すなわち、施工管理に従事する建設業者にとって必要不可欠な会社の格付けに関わる重要な資格といえる。

土木施工管理技士の資格を取るには、まず第1次検定（学科試験）を合格した後（この時点で技士補の資格を取得できる）、第2次検定（実地試験）の合格を果たす必要がある。2級の第1次検定は17歳以上であれば誰でも受けることができ、合格後、一定期間の実務経験（例えば大学で土木に関する科目を教える指定学科の卒業者ならば1年以上）の条件を満たせば第2次検定を受けられる。これに対し1級の第1次検定は、指定学科の大学卒業者は卒業後3年以上の実務経験、第2次検定は第1次検定の合格者および2級合格後3年以上と、より実務経験が重視されている。近年の合格率は1級で2018年度の学科試験が56.5%／実地試験が34.5%、2019年度は学科54.7%／実地45.3%、2020年度は学科で60.1%／実地31.0%となっている。2級はやや合格率が上がり、2018年度の学科が63.4%／実地35.0%、2019年度では学科67.1%／実地39.7%、2020年度は学科72.6%／実地42.2%となっている。詳しくは「一般財団法人全国建設研修センター」で検索。

8

建設コンサルタント（調査・構想・計画系）

土木が行う社会基盤整備事業において、国や自治体の事業執行を支援する仕事である。そのため高度な知識やマネジメント能力、技術提案力などが求められ、専門家集団として、また公務員の相談役（パートナー）としての活躍が期待される。建設コンサルタントの業務内容は多岐にわたるが、道路や河川・都市計画など、会社それぞれに強い分野があるのも特徴だ。また技術者として現場に直接出向くことも多い。ここでは土木のものづくりプロセス前半の仕事として、政策や事業の立案にかかる検討、まちづくりの方針などを考案する建設コンサルタント（調査・構想・計画系）に登場してもらう。

建設コンサルタント（調査・構想・計画系）

市民の安全・安心・快適な生活を守る河川計画

入社15年、私は河川計画の仕事に携わってきた。一言で「河川計画の仕事」と言っても内容は多岐にわたる。治水・利水・環境の観点から今後河川を整備していくための計画（河川整備基本方針・河川整備計画）の策定、浸水想定区域図やハザードマップの作成、川の流れや土砂の移動を予測するシミュレーション、洪水時における数時間後のダムへの流入・放流予測、災害対応など、市民の安全・安心・快適な生活の確保に直結する専門的な仕事であると自負している。

なかでも毎年のように受注する業務の一つが災害対応である。近年、気候変動の影響により、豪雨被害が全国各地で頻繁に発生し、過去の洪水の記録を更新し続けている。

私が在籍する九州支社では、２０１７年７月に発生した九州北部豪雨災害の対応を行った。この災害対応は、国土交通省九州地方整備局（以下、九地整）が２０１７年６月の改正河川法に基づき「権限代行制度」を全国で初めて適用し、自治体に代わり主導した災害復旧事業（河道整備や流木等貯留施設の整備など）である。

この洪水では、甚大な河川の氾濫・土砂災害が発生し、多数の人的被害・家屋被害が生じた。被災直後に現場に入ったが、大規模な土砂災害により地形が変わり、集落がなくなった現状を目の当たりにし

仕事の１日タイムライン

- 8：15　出社：机周辺の掃除、専門誌を読む
- 8：30　作業：メールチェック、作業整理・段取り
- 9：00　作業
  ：プロジェクトＡの検討・取りまとめ、
  社内協議
- 12：00　昼休み
- 13：00　打合せ
  ：班会。班員の業務進捗状況確認、情報共有
- 14：00　作業：発注者からの依頼対応
- 15：00　打合せ：発注者とオンライン協議
- 17：00　作業：打合せ議事録の作成
- 18：00　作業：プロジェクトＢの検討、取りまとめ
- 21：00　退社

デスク周り

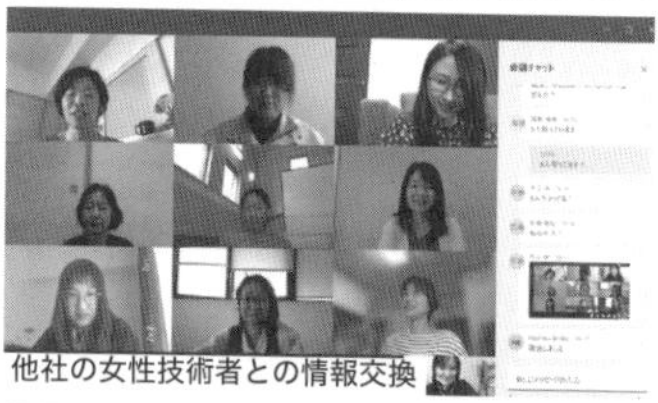

他社の女性技術者との情報交換

執筆中の筆者のようす

社内打合せのようす

て、自然の脅威を身をもって感じたと同時に、どのように復興していくべきなのか目の前が真っ白になったことを今でも覚えている。また、被災された方々を思うと言葉さえも出なかった。この災害を受け、九地整は現在、住民の安全確保及び早期の生活再建のため、概ね5年間で緊急的・集中的に治水機能を強化し、河川事業・砂防事業のハード対策・ソフト対策を兼ね備えた事業完了を目指している。

災害後、私たちは主に①被害実態の把握（洪水痕跡調査の実施）、②洪水の検証（観測雨量・水位などからどの程度の水が流れてきたのかを検証する）、③災害防止のための治水対策の検討（河道掘削・築堤・砂防施設配置など）などを行った。地域の早期復興を図るため、私たちに与えられた検討期間は約3か月しかなく、毎日のように九地整・福岡県と打合せを行い、毎週のように本省へ出向いて協議を実施し、学識経験者との復興に向けた検討会も2か月間で4回開催するなど、日々対応に追われた。そのような状況でも私たちは「被災地にとって最適な復興計画は何か」を常に考えながら、発注者とともにメンバーが一丸となって対応を行った結果、九州北部豪雨発生後の11月に復興計画の方針が決まった。

九州北部豪雨発生から2021年で4年が経過する。発注者・建設コンサルタント・工事関係者が連携して工事を日々進めているが、復興はまだ道半ばであり、被災された住民も地元に戻れていない方が多くいると聞く。事業完了まで残り1年だが、1日でも早く、地域が昔のような賑わいを取り戻すためにも、目の前にある課題を一つずつ丁寧に解決し、市民の安全・安心・快適な生活に思いをはせ、建設コンサルタントとしての誇りや使命感をもって今後も事業に携わっていきたい。

大学時代にランドスケープを専攻していた私は、恩師の影響で河川に興味を持ち、土木に関する知識がまったくないまま、河川部門業界トップの今の会社へ飛び込んだ。当然、専門用語が理解できず、入社1年目でどん底の気持ちを味わった。そんな私を同期・先輩・上司が温かく根気強く見守り、指導してくれたおかげで、私もようやく少しは建設コンサルタントらしくなってきたのではないかと思う。技術士の資格も取得し、専門家として活躍できる機会が増えた。会社の女性技術者数はまだ全体の2割未満だが、女性だからと特別扱いせず平等に仕事を与え、指導されたのもありがたい。

正直なところ、会社は給料も良く、福利厚生もしっかりしているため、何不自由なく生活できている。しんどいと思うのは、災害対応時の労働時間の増大である。2017年7月の九州北部豪雨の災害対応では、被災地の方々のために頑張ろうと思う一方、連日の徹夜、休日出勤で何度も心が折れそうになった。

ただ、災害対応はつらいばかりではなく、同時にやりがいも感じる経験でもあった。私は2009年7月、2012年7月の九州での豪雨災害対応も担当したが、今振り返るとそれらを乗り越えたからこそ得られる発注者からの信頼、技術者としての自信があり、成長があると考えている。そして何よりも、市民の命や生活を守る使命が建設コンサルタントにはあるという自負が生まれてきた。今後も一つひとつの業務に誠意を持って向き合い、プロフェッショナルとして高みを目指していきたい。

筌瀬 明日香（うけせ あすか）

1981年生まれ。技術士（建設部門）。株式会社建設技術研究所九州支社河川部主幹。千葉大学大学院自然科学研究科修士課程修了。（一社）建設コンサルタンツ協会九州支部 総務・企画部会 女性技術者委員会委員長。休日の過ごし方：ジム、買い物、読書。

建設コンサルタント（調査・構想・計画系）

技術とデザイン思考をかけ合わせ、空間の質を考える

私が所属しリーダーを務めている公共空間デザイングループの仕事の目的は、公共空間を「誰かに」愛され、可能であれば「多くの人に」好きになってもらえるように具現化していくことである。具体的には、デザイン検討を軸として、交通などの技術的検討・警察などの各種協議支援・ワークショップなどの合意形成支援・計画検討および設計を行っている。

２０１９年３月に大阪市より、大阪のシンボルストリートである御堂筋で、現在６車線ある車道を最終的に全面歩行者空間化するという「御堂筋将来ビジョン」が発表された。我々は、大阪市の発注でこの将来ビジョンに向けた交通検討、目指す空間像の検討に加え、全面歩行者空間化に向けた暫定形として「側道歩行者空間化」（６車線の車道を４車線化、歩行者空間を拡幅）の詳細設計および警察など関係者協議支援を行った。詳細設計では、通常土木の道路設計で行う排水設計に加えて、ベンチや照明といったストリートファニチャーのデザイン検討を行い、構造などの技術的な検討をしたうえで図面を取りまとめている。現在、その工事中であり、２０２１年には一部区間が竣工する見込みだ。

また、現在進行中の近鉄四日市駅周辺および中央通りの再整備のプロジェクトにおいては、駅前広場を含む幅員70ｍ全長約１．６kmの中央通り全体のエリアデザイン、設計検討を進めている。このプロジ

仕事の1日タイムライン

- 8：30　在宅勤務開始、作業
  ：メール返信、各プロジェクト進捗確認
- 9：00　作業：各プロジェクトのタスク整理・指示連絡
- 10：00　打合せ
  ：某公園プロジェクトのデザインエスキス、タスク整理（オンライン）
- 11：00　作業：某プロジェクトのデザイン検討（手書き）
- 12：00　自宅にて昼食
- 13：00　出社、打合せ
  ：社内構造チームとの打合せ
- 14：30　打合せ：発注者打合せ（オンライン）
- 16：00　作業
  ：各種プロジェクトの資料チェックバック、図面赤書き
- 18：30　打合せ：社内営業との打合せ
- 19：00　作業
  ：各種プロジェクトの資料チェックバック、図面赤書き
- 20：30　退社後、夕食
- 21：00　大学講義準備など

模型を使った議論のようす
（中央通り再編関係者調整会議）

舗装材検討の要図

社会実験で設営した空間で朝食
（横浜みなと大通り社会実験）

近鉄四日市駅から伸びる中央通りの将来イメージ
※出典：近鉄四日市駅周辺等整備計画中間取りまとめ

ェクトにおいては、大学教員らが委員を務める中央通り再編関係者調整会議において重要事項が検討されており、計画検討に加え、このような合意形成の支援も行っている。当初は、四日市市よりプロポーザルにより公募され、我々が選定された業務である。発注者である四日市市と共に、四日市の誇りとなり市民に親しまれる空間の実現に向け日々検討している。

クライアントの多くは地方自治体であり、駅前広場・道路・都市公園など公共空間全般を対象としてその再整備に取り組んでいる。また、基本構想や基本計画、詳細設計といったプロジェクトのフェーズに捉われることなく、プロジェクトごとに一貫して計画段階から工事段階まで関わる。2021年5月現在、近鉄四日市駅周辺および中央通り再整備（四日市市）、みなと大通り（横浜市）、フラワーロード（神戸市）、ウォーカブル構想および満寿美公園整備（池田市）といった多くのプロジェクトの計画検討・設計などの業務が同時進行している。また、2010年4月から関わっていた姫路駅北駅前広場および大手前通り（姫路市）は2020年3月に竣工し、設計に携わった熊本桜町シンボルプロムナード整備などは現在工事が進んでいるところだ。

仕事の内容は多岐にわたるが、一貫して「人間中心のデザイン思考」で検討している。また、社内およびグループ会社社内の交通や構造、建築や都市計画といった各種専門家と連携しながら、土木に立脚しながらも分野に捉われることなくプロジェクトを推進している。

多くの人は、普段の生活で道路を歩く。その道路や公園など、公共空間の質を少し上げるだけで、人々がちょっとした幸せを感じられる機会が増える。そうすれば、少しは社会が幸せになるのではないか。この考えが、仕事に対する私のモチベーションだ。

私が、建設コンサルタントにおいて土木デザインを志した理由は、都市計画・交通・構造といった多様な分野が関わり、一人では到底できない仕事であると考えていたからだ。日本の建設コンサルタントは、長い間技術的な検討を得意としてきた。しかし、身の回りの道路や公園など、その場の居心地などの「質」について検討することはそれほど得意でなかった。つまり、建設コンサルタントが得意としてきた技術を「人間中心のデザイン思考」でつなぎ合わせ、質を向上させていくことが、建設コンサルタントの新たな仕事となっていくのではないか。このような仕事の進め方をすることで、化粧のような表層のデザインではない、交通や構造といった空間の骨格からデザインが可能になると考えている。

また、「景観」や「デザイン」は、センスや好みの観点で語られることが多いが、これらは社会学・心理学・哲学といった他分野から、建築学・土木の景観分野へというように何世紀も研究されてきた学問であり、勉強と訓練によって一定身につく「技術」だと考えている。今後も、建設コンサルタントの一つの「技術」として、「デザイン」に取り組んでいきたい。

八木 弘毅（やぎ ひろき）

1982年生まれ。公共空間デザイナー。京都大学大学院修士課程修了。㈱日建設計シビル 景観・環境部 公共空間デザイングループリーダー。京都大学/神戸大学/大阪市立大学非常勤講師。共著書に『市民がかかわるパブリックスペースのデザイン』（エクスナレッジ）『まちを再生する公共デザイン』（学芸出版社）。休日の過ごし方：読書など。

建設コンサルタント（調査・構想・計画系）

モビリティ大変革期に最適な「移動」をデザインする

皆さんは生活のなかで、バスと電車で会社に行く、自動車で買い物に行く、散歩するなど何かしらの「移動」をしているだろう。建設コンサルタントの交通政策・交通計画分野の仕事では、そのような多様な移動が安全で効率的かつ快適に実現される社会を目指して、人の動きや利用する乗り物、そのために必要な歩車道などの空間、新設すべき道路整備などを考え、国・自治体や運輸・不動産など官民の顧客とともにその実現にむけて奮闘している。

私たちは、顧客が進める政策・事業などの実現に向けて、専門家として課題解決や代替案を提案する。顧客によって求める成果は異なるが、現状を的確に把握し、課題・要因を突き止め、その解決方策や必要な施設整備などを検討・提案するのが基本的な流れである。

具体例の一つとして、国内有数の乗降客数を誇る駅の周辺地域における歩行者中心のまちづくりを検討したプロジェクトを紹介したい。説得力のある提案には、現地の実態を詳細に、かつ実感を持って把握することが重要と考え、まず道路の広さや勾配、立地する商業施設などのまちの要素と、歩行者・自動車の流れなどの使われ方を隈なく調査した。そして、現地を見て分かった「賑わい」という地域の良さが自動車などの乗り物や狭い歩行空間で阻害されていることが課題であった。そこで、地域の賑わい

仕事の１日タイムライン

- 7：00 起床・準備
  ：息子を幼稚園バス停まで見送り
- 10：00 出社
- 10：10 作業：メールチェック、作業整理・段取り
- 10：30 作業
  ：発注者のメール確認・返信、
  電話での資料確認など
- 11：00 打合せ
  ：社内。プロジェクト A の作業状況確認
  （メンバーとの確認）
- 12：00 昼休み
- 13：00 打合せ
  ：プロジェクト B に関する発注者打合せ（外出）
- 16：00 作業：打合せ結果の整理、作業洗い出し（帰社）
- 17：00 作業：プロジェクト C の協議資料作成
- 19：30 作業
  ：残作業の洗い出し、翌日の作業リストの整理
- 20：00 退社

資料作成時の仲間とのコミュニケーション

個人デスクでの協議資料の作成

解決策を導くためのプロジェクト会議

パシフィックコンサルタンツの考える未来の姿（スマートモビリティ社会：都心部）
※出典：パシフィックコンサルタンツ（株）

はある程度の混雑によるものと考え、買い物や通勤・通学などの道路の使われ方に応じて望ましい空間の広さの基準を設け、歩行者中心の空間イメージを提案することで、その地域ならではの計画を取りまとめた。いかに現地を知り、その場に適した解決策が提案できるのかに尽きるものである。

二つ目に紹介するのは、大都市部の玄関口となる駅前ターミナルの検討である。ここでは、超小型モビリティやパーソナルモビリティなど次世代モビリティの導入、道路上空の空間活用など、革新的な提案を求められた。そこで、法制度の動向や次世代モビリティの開発動向などを踏まえ、将来実現され得るサービスを論理的に導き、使われ方を想定し、道路上空の具体的な空間イメージを描いた。不確定な未来に対して、なるべく具体像を想定した提案が重要と感じている。また、交通シミュレーションや需要予測などを用いて、解決策の実施による変化を定量的に導き出すことで、論理的な提案につながるものである。

この仕事では、高度な要素技術や専門的な知識・知見に加え、結果を的確に解釈する力、課題解決に向けた提案に工夫を凝らせる発想力が大切と考えている。

私が現職を選んだのは、実家の平凡な住宅街への「愛着」がきっかけである。その曖昧な感情から、土木を専攻し、都市計画を学び、まちを相手にした仕事に就いた。今考えると、「まち」とそこにある「生活」に興味があったのだろう。

その想いを持って、仕事に取り組み感じる喜びは二つある。一つは人々の生活を豊かにできる実感である。例えば計画したバスが走り多くの方に利用される姿、計画した道路ができてまちが賑わっているようすなど、まちの人々の生活が変わった実感は何物にも代えがたい。もう一つは提案が顧客に共感・採用されることである。プロジェクトのなかで顧客は多くの悩みや課題を抱えている。その課題を共に考え議論し、専門家としての提案が認められて得られる信頼は、コンサルタントのサービス業たる喜びではないか。頼られ感謝され、そして世の中に貢献できる仕事は稀有なものである。

こういった喜びを感じながら、モビリティが大変革期を迎えているいま、全国各地のさまざまなまちに対して、10年後、20年後のあるべき姿の実現に携われることが建設コンサルタントの一番のやりがいと感じている。まちは日々変わり、そこで暮らす人も変わる。ともに働く若手技術者の発想力や感性は、現在のまちに必要であり、解決に向けて重要なものになる。そういった新しい技術者の芽吹きを感じるのも、本仕事ならではの醍醐味ではないか。現在のまちを知り、将来のあるべき姿を想像し、創造する仕事こそ、建設コンサルタントである。

中込 浩樹（なかごめ ひろき）

1981年生まれ。パシフィックコンサルタンツ株式会社東北支社社会イノベーション事業部技術課長。早稲田大学大学院工学研究科建設工学専攻修了。2006年入社後、道路政策や公共交通・自転車関連計画、都市総合交通戦略などに関わる。休日の過ごし方：2人の息子との時間、映画鑑賞、フットサル、サウナ。

お互いの分野への印象 column 業界本音トーク

「よく一緒に仕事をする方々（職種）のイメージを教えてください」との質問をしてみた。まず国家公務員からみた「建設コンサルタント」のイメージには「技術力に加えセンスが必要なお仕事」「専門知識の深さを尊敬」「コミュニケーション・プレゼン能力、資格取得など、見習うことが多い」との回答があった。また「柔軟な意見も兼ね備え頼りになる」や「彼らの設計が国をつくっていると言っても過言でない」とのコメントも。一方「労働負荷はそれなりに高い」「人手不足で忙しそう」「年度末は特に忙しく休日出勤してそう」との声も挙げられている。

では逆に建設コンサルタントやシンクタンクからみた「国家公務員」「地方公務員」のイメージはどうか。「熱意のある担当者とそうでない人の差が激しい」「発注者だがインフラ整備という目的を持った者として良きパートナーでありたい」などのコメントが得られた。一方で「意思決定に振り回されて大変そう」「ストレスが多そう」や「競争性・利益重視の希薄さ」といった厳しい意見も挙がっていた。またゼネコンに働く方からの公務員への印象には「毎晩遅くまで残業」といったコメントも寄せられ、研究職からは「全方向に配慮を欠かさないところはすごいと思うが、その分、新しいことに挑戦しにくそう」との声もあった。

加えてゼネコンや施工業者に対するイメージには、地方公務員から、地元建設会社に対して「地域の守り手として重要な役割」「豪雨や台風などの非常時に地域の防災に大きく貢献」との意見が得られた。一方「忙しそう（体力勝負）」「残業や祝日出勤はいまだ当たり前で、その分、給料・手当は良いという印象」などのコメントが寄せられている。

協働が不可欠な土木の仕事にとって、持たれているプラスのイメージは維持、逆にマイナスもしくは事実と異なるイメージは改善できるよう、お互いの理解を深めていきたいものだ。

9

建設コンサルタント（設計・施工・維持管理系

　構想や計画に基づき、道路や橋などの土木構造物を具体的にいかなる大きさや形に設計するかは建設コンサルタントの主要な業務といえる。また実際に構造物をつくりあげる施工の現場を効率かつ効果的に進めていくための検討も重要な仕事である。日本ではすでに多くのインフラが老朽化しており、完成後の土木構造物を長寿命化させる維持管理のあり方についても考えていかなければならない。ここでは土木のものづくりプロセス後半の仕事として、建設コンサルタント（設計・施工・維持管理系）の業務を紹介する。

建設コンサルタント（設計・施工・維持管理系）

美しい橋をデザインする

皆さんは、橋の計画や設計は建設コンサルタントが行っていることを知っているだろうか？

建設コンサルタント業とは、国や地方自治体・高速道路会社など事業者のパートナーとして、社会インフラ整備における施工以外、つまり企画・調査・計画・設計・維持管理を請け負う。近年では、事業者と市民とのコミュニケーション（説明責任）の支援から、合意形成や事業のマネジメントも代行する。私はそのようなエンジニアリングの専門家集団である建設コンサルタント会社の橋梁部署で、これまで２００以上の橋梁の計画や設計を行い、現在は技師長として仕事をしている。

今回紹介するプロジェクトは、大都市の中心部で高速道路の高架橋同士を結ぶジャンクションの改築事業で、約８００ｍの既設の高架橋を拡幅するとともに、約２２０ｍの渡り線を新設した。地上には幹線道路と街路に面してビル建物が建ち並び、地下には地下鉄やライフラインが存在する大都市特有の厳しい環境下で、建設後約50年が経過した高架橋を通行させながら、１車線の拡幅と渡り線の新設、入路の付け替えの詳細設計を行うという難しいものであった。私は業務の管理技術者（責任者）として、調査・計画・道路・鉄道・橋梁など専門分野を持つ総合コンサルタント会社の強みを活かし、調査と詳細設計業務の技術上の管理と、品質・工程に関する管理を行った。

仕事の１日タイムライン

- 8：50　出社
- 9：00　作業：メールチェック、作業整理・段取り
- 10：00　打合せ：社内。プロジェクト A について
- 11：00　レビュー：社内。プロジェクト B について
- 12：00　昼休み
- 13：00　作業：資料・報告書作成など
- 15：00　打合せ：客先（オンライン）
- 17：00　打合せ：社内。客先打合せ結果について
- 18：00　作業：翌日作業の準備、事務処理など
- 18：30　退社

約 30 年以上前の新人時代は 100 時間以上の残業が日常であったが、現在は 40 時間以内に厳しく制限されている

仕事風景

合同現地踏査のようす

厳しい現地条件

高架橋の拡幅

渡り線の新設

このプロジェクトでは、既設構造物の改築を最小限に、最新の設計基準を満たし、景観にも配慮した〝美しい高架橋〟をつくろうという志のもと、多数の困難もプロジェクトメンバーと共に取り組んだ。調査部門では、既設橋の位置と寸法を詳細に把握する三次元レーザー測量と、基礎を設計するためのボーリング地質調査を実施した。道路部門では現状の高架橋に適応した道路線形設計を、計画部門では施工時の街路規制による周辺交通への影響を検討した。そして橋梁部門では、それらの成果を用いて拡幅・新設の構造検討・橋梁詳細設計・施工計画・景観検討などを行った。

本区間では高架橋下に街路やライフラインがあり、基礎フーチングを拡幅して既設橋脚の拡幅や、隣に橋脚を設けることはできない。そこで、施工ヤードの制限、施工工期の短縮、さらに地震時の早期復旧性を考慮して、既設橋脚は上部構造を受ける梁のみ拡幅し、既設橋脚の中間に地震時の慣性力を分担する対震橋脚として鋼管集成橋脚を新設した。

仕事を進めるにあたっては、新技術や新工法を積極的に発注者に提案し、持てる技術力を駆使して、構造安全性・耐久性・維持管理性はもとより、周辺環境との調和と創造を目指し、立地条件を踏まえた高架橋の景観にも配慮し設計（デザイン）した。

２０２０年1月に改築工事が完成開通し、都市空間の魅力向上と人の目線にも配慮した高架橋が実現した。本ジャンクションの開通によって、人々の暮らしや経済の発展に貢献するとともに、都市高速の新たな役割として都市空間・都市景観の魅力向上に寄与することを期待している。

京都の嵐山で育った私は、小学生時代の夏休みは渡月橋のすぐ下流の遊泳場に毎日のように友達と泳ぎに行った。そこで見上げ続けた渡月橋が原点となり「こんな大きな橋をつくってみたい！」と土木の世界に進んだ。事業者（公務員）や施工者は柄ではなく、自分が計画・設計した橋が実際にできあがる醍醐味を味わいたくて設計者（デザイナー）を目指した。私が関わるのは、デザインされたモノ（名詞扱い）ではなく、デザイン（計画・設計）する経緯（動詞扱い）である。だから橋をデザインするということは、橋梁の計画・設計そのものだ。求められる橋も時代でニーズが変わり、１９７０年代の高度経済成長期は整備が最優先だったが、現在はニーズが多様化し、デザインコンペも行われるようになり、技術力とともに創造力が求められている。

２０１９年に取材協力した建設業が舞台のＴＶドラマで、主人公が設計部署への配属を希望する同期にこう言った。「憧れます、設計！ゼロから私たちの夢をカタチにするのって、普通の人にはできないことだと思う」。土木の仕事は、人々の暮らしを安全・快適・豊かにする、人と社会に役立つ立派なものだが、さらに橋梁設計は自分がデザインした橋が地図に残るという自慢したくなる贅沢な仕事である。

我々は夢をカタチにする仕事で社会に貢献している。私の夢は「人々に愛され、地域の誇りに思われる美しい橋を設計して架けることだ」。橋は渡るものであるが、眺めるものでもある。さあ、美しい橋をデザインしよう。

丹羽 信弘（にわ のぶひろ）

中央復建コンサルタンツ株式会社構造系部門技師長。これまで200以上の橋や高架橋の計画・設計を行い、橋が大好きでプライベートでは「イイ橋を見上げよう！」と橋ツアーのガイドをすることも。休日の過ごし方：サッカーと愛橋家活動と京都散歩。

建設コンサルタント（設計・施工・維持管理系）

誠意と技術で海外橋梁事業に挑む

18年以上にわたり主に政府開発援助（ODA）の橋梁事業における設計・施工監理に従事してきた。事業は、現地政府内でフィージビリティ調査（F/S）の結果を受け実施が決定されれば、援助国・援助機関に融資が要請され、融資決定後、詳細設計・工事へ展開される。海外での業務は、大規模で業務範囲が広いことが多く、この一連の流れにおいて事業促進や技術アドバイザーとして重要な役割を担う。

F/Sで行われる基本設計では、測量、土質・水文調査などに基づく構造物の配置、基本形状を検討し、主要部の構造寸法を計算により決めて、図面の作成、概算事業費を算出する。この段階で、橋梁形式が基本的に決まるが、その際、技術的妥当性、経済性、施工性（工期）、維持管理、環境・社会的影響などさまざまな観点を考慮することが求められる。

詳細設計では、交通荷重のほか、地震・台風や河床洗掘などの外的要因に対する安定・安全性を構造解析や風洞実験などで検証し、構造寸法・仕様を決定し、図面や技術仕様書を含む入札図書を作成する。

工事においては、図面や技術仕様書にまとめられている情報の内容・意図を正確に理解して、現地政府実施機関（施主）の代理人として、施工業者が仕様通りに施工しているかを監督する。業務範囲は、工事費・工程・品質・安全・契約などの管理と多岐にわたる。

仕事の１日タイムライン

- 8：00　宿舎出発。通勤中にメールチェック
- 8：30　出社
  ：１日の現場工事インスペクション予定の確認
- 9：00　作業
  ：施工図面・施工計画書のレビュー、承認
- 10：30　現場：現場のインスペクション
- 12：00　昼休み
- 13：00　打合せ
  ：懸案事項についてコンサルタント内打合せ
- 15：00　打合せ：施工業者との週間品質会議
- 16：30　作業
  ：施主・業者へのレター作成、メール返信、To Do List の更新など
- 18：00　退社

現地政府技術職員への講義（ミャンマー）

完成予想図。左側が建設中の橋梁（ミャンマー、上）
※出典：日本工営株式会社

橋梁の開通式当日。完成を祝う地元の人達で深夜まで途絶えなかったバイクの波（ベトナム、下）

架橋候補地点の現地踏査（ベトナム）

ミャンマーでは、塩害・地震や洗掘の影響を受け、軟弱地盤上に架けられる橋長約2000mの橋梁事業に、詳細設計から施工監理まで携わる機会に恵まれた。

詳細設計では、1000m区間の下部構造の設計とその上部工含めた橋梁全体の設計管理も担った。取り合い部分の設計は不整合が起こりやすく、担当者間でのこまめな打合せは欠かせない。また、土質・水文・維持管理といった専門家との協業も重要だ。設計チーム内での調整のほか、現地政府への説明・協議を通し基本事項を一つずつ確定させながら進めていくことも、手戻り作業を回避し工期内に完了させるポイントである。とはいっても、書面で確認した事項でも後で変更されることもある。その一例として、設計も大詰めを迎えたころ、航路追加の要請を受け、取付橋の支間を長くするため橋梁形式の変更含む大幅な設計変更に対応した。追加予算と工期延長が認められたことがせめてもの救いであった。

施工監理では常駐監理者として、施工業者の作成する施工計画書のレビュー・承認、不安全事項改善指示などの日常的な業務のほか、突発的な事象へ対応することも多い。例えば、第三者船舶が操船不能になり、仮設構造物に衝突する事故が発生した。幸い人的被害はなかったが対策が必要だ。しかし、防護杭などハード対策では費用がかかり過ぎる。そこで、まず航行船舶の記録を整理し、干満によって現場付近の通過時刻もある程度絞られることや大型船舶の航行頻度は低いことを確認した。施工業者と協議し、航行船舶の事前察知と現場作業員への警報体制構築、避難経路の確保など対策案をまとめた。

現場では、想定しないことが起こる。その影響を最小限にとどめられるよう、技術と誠意を持って冷静に対応するように心掛けている。

橋に興味を持ったのは、小学生の時に瀬戸大橋を見て、こんな巨大構造物を人がつくった事実に衝撃を受けたのが始まりだ。架橋前に起きた不幸なフェリー事故も知り、橋には多くの人達の思いが詰まっていると感じた。大学で土木構造力学を学び、いつか人・地域をつなぐ大きな橋を架けたいという思いが膨らんでいった。日本では長大橋計画が少なくなっていたが、海外での需要は大きい。事業に上流から下流まで参画したいことと、1年目から海外に行けるということで日本工営を選んだ。

最初の出張先はパラオ。目的は、突然崩落した橋の架替えとして無償資金協力事業にて日本工営が設計・施工監理した橋が、竣工から1年を迎え、不具合が生じていないか検査することであった。旧橋跡を見て、その国の重要インフラにエンジニアとして関わることの責任の重さを感じた出張でもあった。その後は、年の半分は海外にいる生活となり、これまでに25案件ほど従事した。どの案件も自然条件は異なり、オーダーメイドといったところで、課題に対し知識と経験を活かし、さまざまな分野の専門家と一緒に考え、事業を成功裏に導いていくのはエンジニアリングの醍醐味である。

ベトナムでの忘れられない光景がある。フェリーで渡河するのに朝夕は渋滞で数時間待たなければならなかった。そこに完成した橋の開通式の日、周辺地域から住民が殺到し、満面に笑みをたたえた子どもやお年寄りを乗せたバイクで橋が埋まった。完成の喜びを分かち合うため、また次の事業へと闘志が漲るのである。

今田 進平（いまだ しんぺい）

1977年生まれ、橋梁エンジニア。日本工営株式会社ミャンマー国バゴー橋建設事業開発事務所所長代理。アジアを中心に11カ国へ出張し、ベトナムでは連絡事務所所長も務めた。熊本大学大学院自然科学研究科環境土木工学専攻修了。休日の過ごし方：ゴルフ、バドミントン、まち散策。

建設コンサルタント（設計・施工・維持管理系）

維持管理時代における土木構造物のマネジメント

日本の土木構造物の建設は一段落し、維持管理の時代に突入している。しかし維持管理・老朽化への対応は、基礎自治体での技術系職員数の減少や限られた財源での対応などが相まって、切迫した状態にあると言っても過言ではない。

こうした背景のなか、私のような建設コンサルタントの維持管理業務では、専門家として知恵と知識を駆使し、例えば道路や橋梁の維持管理計画など、行政が抱える課題解決のための提案をする。土木構造物のお医者さんのようなイメージと言えば、少しは身近に思えるかもしれない。

この仕事では、発注者（行政）が示す課題に対し、専門家としての提案や工夫が求められる。私は、国土交通省（以下、国交省）が発注者の業務で、初めて管理技術者（責任者）として直轄国道の舗装の劣化予測を行った。国交省から、道路舗装の維持管理（点検や修繕）のため、修繕時期や点検の際の健全性判定の参考となるよう劣化予測をしてほしいというお題が出されたのである。行政にとっては、修繕予算の確保などから、どの場所をいつ修繕する必要があるのか予測したいためだ。

一方で、劣化予測に確立された手法はなく、試行錯誤しながら最も確からしい予測を行う必要があった。そこで国交省から２０００㎞を超える膨大な点検データを受け取り、舗装に劣化特性があると想定

仕事の１日タイムライン

8：30　出社
8：45　作業
　：メールチェック・作業整理・段取り
10：00　打合せ
　：社内。チーム内での作業状況の共有など
10：30　打合せ：社内。プロジェクトＡについて
11：00　作業
　：資料作成。午後の打合せ資料の微修正など
13：00　打合せ
　：協力者とプロジェクトＢについて
14：00　打合せ
　：プロジェクトＡに関する発注者打合せ（外出）
18：00　作業：打合せ結果の整理（帰社）
19：00　作業：プロジェクトＣについて資料作成
20：30　作業
　：翌日作業の段取り、メール返信など
21：00　退社

国道のようす

国道の損傷写真

滑走路点検のようす（南紀白浜空港）

される代表箇所（70箇所、1箇所2㎞程度）を抽出し、点検結果と現地状況を確認しながら劣化傾向を把握した。さらに予測精度向上のため、交差点など劣化の早い箇所は、特異値として除外する工夫をした。加えて、劣化予測の手法についても、最小二乗法やマルコフ連鎖など数パターンから最適と考えられるものを選んだ。これらの予測結果は、舗装の管理現場で活用しやすいよう台帳や管内図に書きこみ、劣化状況が視覚的にわかるまとめ方を工夫した。その結果、この道路では今後の修繕時期や点検の際の健全性判定の参考となるような劣化予測結果が可視化され、国交省の管理に活用されている。

このような課題解決のために、もちろん知識は必要だが、発注者が抱える課題の背景や将来のあるべき姿を読み取り、真の課題に気づくことも重要である。そのためには、複数回の打合せや電話、メールでのやり取りなどから、積極的にコミュニケーションを図り、相手が望んでいることを読み取る力が必要だと感じている。

なおこのように土木構造物の維持管理が重視されるようになった契機には、笹子トンネルの天井板崩落事故（2012年）がある。この事故以来、道路法改正による点検の義務化や日本再興戦略に基づくインフラ長寿命化基本計画が取りまとめられ、各市区町村では土木構造物の安全性向上や効率的な維持管理を実行するため、行動計画が立案されはじめた。さらに近年は、土木構造物を資産（アセット）と捉えた「アセットマネジメント」という言葉をよく耳にする。土木構造物の点検・診断や措置・記録、またそれらの時期や費用について短・長期的なマネジメントが求められている。建設コンサルタントにできることはまだまだあると実感している。

学生時代は学園祭の実行委員に明け暮れ、学科の勉強に積極的だったとはお世辞にも言えない。現に大学4年の卒業時にはマンションディベロッパーという土木でない分野を選択した。今でも大学の学科の友人に会うと私が建設コンサルタントとして働いていることに違和感すら覚える人もいるくらいである。

そんな私だったが、興味のある分野だった景観をもう一度勉強したいと大学院に進学し、景観工学を学んだ。また、大学院で学んだことを活かし、高い専門性を持って、自分で手を動かし社会に貢献していきたいと、就職先に建設コンサルタントを選んだ。要するに言いたいことは、そういった人でも建設コンサルタントとして働けているのだから、志をもった人であれば、誰でもスペシャルなコンサルマンになれると考える。

先ほど紹介した舗装の劣化予測の業務は、一筋縄ではいかないような課題にぶつかりながら、発注者ととことん議論し、試行錯誤しながら進めていった。諦めることなく何度も繰り返して提案した結果、直轄国道の劣化状況をうまく捉える劣化予測結果が示され、最終的には、関東地方整備局長から表彰され高い評価を受けることができた。発注者から感謝されるということは何事にも変えることができない、まさにコンサル冥利に尽きる瞬間である。また発注者が満足してくれることは、結果的にエンドユーザーである国民のために仕事ができているということであり、大変やりがいを感じるところである。

坂口 浩昭（さかぐち ひろあき）

1982年生まれ。アセットマネージャー。株式会社オリエンタルコンサルタンツ関東支社アセットマネジメント推進部副主幹。福岡大学大学院工学研究科博士課程前期修了。週休2日。休日の過ごし方：アウトドア、犬の散歩、フェス。

column 資格の話

測量士

土木構造物を建てるには、建設予定の土地や地形の位置、距離、面積をまずもって知っておかなければならない。測量士とは、そうした建設・土木工事を行う土地の測量を正確に行える知識と高い技能を兼ね備えていることを認定する国家資格（国土交通省国土地理院所管）である。

測量法によると測量士とは「測量に関する計画を作製、または実施する者」とされ、測量士補は「測量士の作製した計画に従い、測量に従事する者」とされている。一般に測量業を営む会社にとっては、営業所ごとに測量士を一人以上配置しなければならず、基本測量（すべての測量の基礎となる測量）または公共測量（国や地方公共団体の実施する測量）を行う測量技術者は測量士または測量士補の有資格者でなければならない。測量は土木のあらゆる工事などの基礎となる作業であるから、測量士が担う役割はとても大きい。また測量に使う機器も一般的な三脚の付いたトータルステーションからドローンを使った三次元測量など、新技術の活用や精度・作業効率の向上が進んでいる。

測量士ならびに測量士補試験の受験資格には制限がなく、年齢や学歴に関係なく誰でもトライすることができる。また大学で測量に関する科目を修めて卒業（この時点で測量士補の資格要件をクリア）し、測量に関する1年以上の実務経験を有する者であれば測量士の資格要件を満たせる。つまり、試験免除で測量士の資格が取得できるので、土木系学科の学生諸君はチェックしておきたい。試験の合格率は2020年で測量士が7.7%、測量士補30.3%、2019年は測量士が14.8%、測量士補が35.8%、2018年は測量士が8.3%、測量士補が33.6%と、より専門的な知識を必要とされる測量士の方が合格率は低い。

筆記試験が行われるのは例年5月中旬頃の日曜日であるが、詳しくは国土交通省国土地理院の測量士に関するホームページを参照してほしい。

10 シンクタンク、インハウス・エンジニア

シンクタンクとは、政府機関などからの依頼を受け、公共政策や公共事業に関わる現状の分析、ニーズの予測、技術開発などを行う専門家集団を指す。「頭脳集団」とも訳されるシンクタンクは、公共の経営戦略や政策決定に必要な知識および調査データを提供する役割を担っている。一方、インハウス・エンジニアとは国や地方自治体内の技術系職員を指すが、近年ではシンクタンクと同様、専門的かつ高度なノウハウを持つ職種としての意味合いが強い。シンクタンク、インハウス・エンジニアともに、国や自治体などの公共に近い存在のエキスパートと言えるだろう。

シンクタンク

官民連携時代における土木の政策提言

少子高齢化や財政の問題が続くなか、持続可能な公共サービスの提供を確保するうえで、施設の整備そのものに加え、整備された後の運営の重要性が高まっている。

公共施設運営の最適化への手法としては、運営を中心に可能な限り早い段階から事業を民間事業者に委ねることで、民間事業者のノウハウや資金の導入を誘発し、コスト削減や収益事業の実施を行うPPP（官民連携手法／Public Private Partnership）があげられる。

一方で、公共施設で民間企業が収益を上げることに反対する考えもあり、持続可能な公共サービスの提供とPPPの取り組みには、高次の政治的なバランスも求められる。このような先進的な公共事業の推進において、シンクタンクでは大きく三つの役割を果たしている。

一つ目は、PPPプロジェクトを地方公共団体に対してコンサルティングすることにより実現することである。それによって、PPP現場のノウハウを蓄積し、民間事業者の意向や先進課題を把握する。二つ目は、国の調査業務として、国内外の先進事例の収集、法律・制度設計の検討、ガイドブックの作成・周知を行うことで、地方公共団体における事業実施を推進している。三つ目は、関連団体などと新しい事業を創造することである。それにより、自社の調査研究結果などを広く社会に情報発信し、事業

仕事の1日タイムライン

- 7：00　作業：タスク整理（在宅）
- 7：30　作業：プロジェクト資料作成
- 9：00　打合せ
　：社内新規事業開発について（オンライン）
- 11：00　打合せ：1on1ミーティング（オンライン）
- 12：00　昼休み
- 14：00　打合せ
　：民間事業者ヒアリング（外出）
- 15：30　作業
　：打合せ結果取りまとめ（シェアオフィス）
- 16：00　打合せ
　：プロジェクトに関して発注者と（オンライン）
- 17：00　打合せ：社内関係者と（オンライン）
- 18：30　退社
- 19：00　作業：メール返信、タスク整理など（在宅）

藤が岡2丁目地区再整備事業 アイレベル（北側）

同事業 近景（2階縁側デッキ）

同事業 近景（藤が岡ストリート南）

同事業 イメージパース（南東鳥瞰、駐車場南出入）

展開している。これらの活動を通し、地方公共団体や国などの公的機関と、関係団体や民間事業者をつなぎ、継続的に政策提言を行うことで、新たな公共事業のあり方を常に問いながら、検討を行っている。

具体的なプロジェクトとして、神奈川県藤沢市の藤が岡2丁目地区再整備事業を紹介したい。公共機能としては「保育園」「児童クラブ」「子どもの家」などの6機能を集約している。そこに民間事業者のノウハウにより「デイサービス」「介護施設」「クリニック」「薬局」「多目的スペース」などが複合化されることとなった。このプロジェクトにおいては、公共として必須となる機能をベースにいかに民間のノウハウを活かせるかを考慮したうえで、施設全体の基本構想、・基本計画を検討し、さらに民間事業者の提案を最大限活かせる公募・選定のアドバイザリー業務を実施した。

まずは、敷地の状態や周辺の地域環境を整理し、ハード的な要件の整理を行った。このプロジェクトの対象地内では高低差が大きいこと、また周囲を住宅で囲まれていることから、利用者（特に園児や保護者）・周辺住民・事業者の動線への配慮や、日照騒音などの検討を中心に実施した。

次に、保育園を中心とした公共機能に求められる要件を、庁内の担当者の皆さんへのアンケートやヒアリングから整理し、必須機能を整理したうえで、市の政策や今後の社会動向に合わせて、どのような附帯機能がこの地域を豊かにしていくのかを検討した。

そして、関連する民間事業者にヒアリングを行うことを通し、どういった機能連携が有効であるか、官民の強みを活かしたプロジェクトにできるかを、地域性や市場性を含め整理した。

そのうえで、ＰＦＩ事業としての公募を行い、事業者の決定を行い、事業が開始されている。

土木の仕事をはじめ、まちづくりに関する仕事は、必ず公共事業が関わってくる。税金を利用するため、確実な効果が見込める公共事業を優先して実施することが、地方公共団体の基本的な考え方となる。そのため過去実績や他地域事例の踏襲を重視しがちで、新しい形態の事業への挑戦が起こりにくい。

一方でシンクタンクにおいては、社会の変化に対応した新たな価値共創が求められるため、既存の事例にとらわれず、国・地方公共団体・関連団体とともに、新たな公共事業のあり方に挑戦する必要がある。そういった挑戦の中で、政治・経済・技術などの激しい変化に対応しながらも、社会に対し大きなインパクトを与えられることはやりがいがある。また、社内外含め多様な業種や専門性を持った方々との対話は刺激的であり学ぶことが多い。同時に社会変化の対応のために、自らも新しい情報に触れ続け常に学ぶことが求められる。

現在、ニューノーマルにおけるスポーツでのまちづくりについての新規事業検討を行っている。最終的にどのような事業として形になっていくのかは、まだ決まっていないが、同じビジョンをもって仲間と検討を進めることは贅沢な時間。何ができるのかをゼロから検討するのは難しくも楽しい仕事だと考えている。

佐藤 俊介（さとう しゅんすけ）

1982年生まれ。株式会社日本総合研究所リサーチコンサルティング部門 地域・共創デザイングループ コンサルタント。東北大学大学院情報科学研究科人間社会情報科学専攻修了。休日の過ごし方：散歩、旅行、映画、音楽。

インハウス・エンジニア

国土交通行政を支える頭脳集団

土木研究所は、国土交通省（以下、国交省）が所管する研究所だ。国交省の技術的課題の解決を中心に、行政のニーズ、あるいは、その少し先を見て研究技術開発を進める。研究開発だけでなく、土木工学は経験工学と言われるように、経験と知識に基づいて現場の技術指導や行政の技術的判断においても重要な役割を担っている。国交省は技術官庁と呼ばれ霞が関にもたくさんのインハウス・エンジニア（技術系公務員）がいるが、土木研究所はインハウス・エンジニアの中のトップエンジニアが集まっている場所である。

最近は気候変動の影響もあり、水害が激甚化しており、その対策が急務となっているが、持続可能な国土管理を行うためには、同時に環境を保全し、ときには積極的に再生していくことも国交省の大事な役割となっている。土木研究所での私の仕事は、治水と環境の両立した川づくりを進め、豊かな国土を次世代に引き継ぐことである。

ここでは技術開発の例として「三次元川づくり」を紹介したい。河川環境を保全するためには、川の複雑な地形を把握する必要があるが、これまで河川測量は上下流方向に２００ｍ毎に断面が測量されるだけで、その間の地形はよく分からなかった。そこで、本省に勤務していたころグリーンレーザ

仕事の１日タイムライン

- 7：00　通勤：メールチェック、仕事の段取りなど
- 9：00　出社
　：チーム内での調整、進捗確認、
　　スケジュールの確認
- 10：00　作業
　：研究企画の新規テーマの検討、
　　方向性の検討など
- 11：00　打合せ
　：チームメンバーと、研究内容の把握、
　　方向性の議論など
- 12：00　昼休み
- 13：00　作業：研究管理などに関する事務作業
- 14：00　打合せ
　：本省河川環境課などと（オンライン）
- 16：00　打合せ：事務所からの相談事項に関して
- 18：00　帰社
　：移動時にメールチェック、
　　資料・論文の確認など
- 20：00　退社

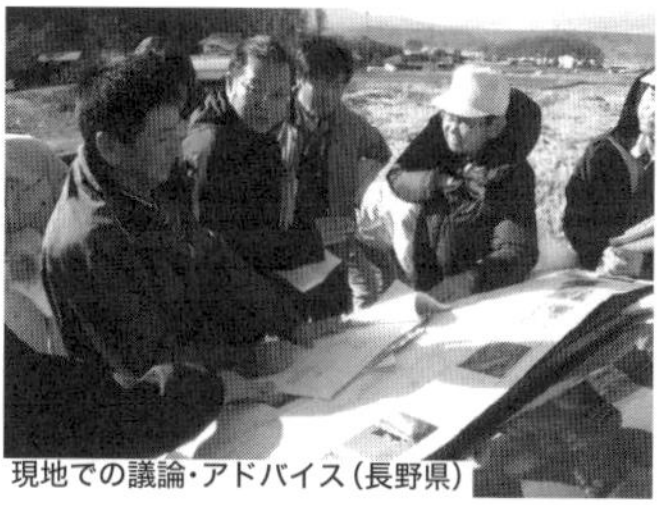
現地での議論・アドバイス（長野県）

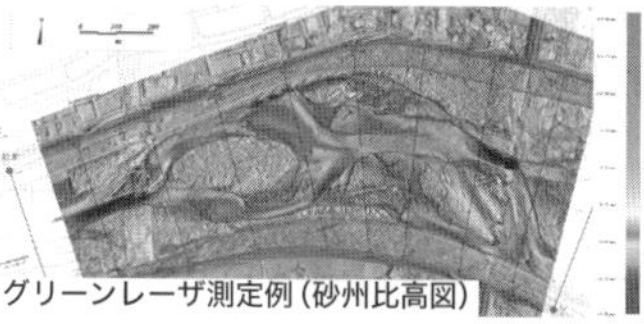
グリーンレーザ測定例（砂州比高図）

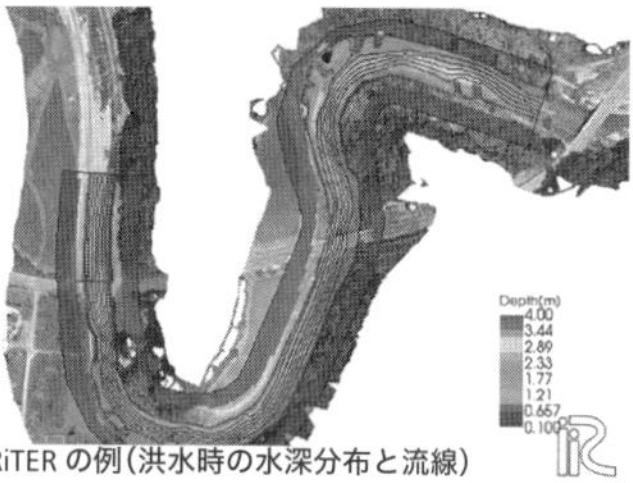

RiTER の例（洪水時の水深分布と流線）

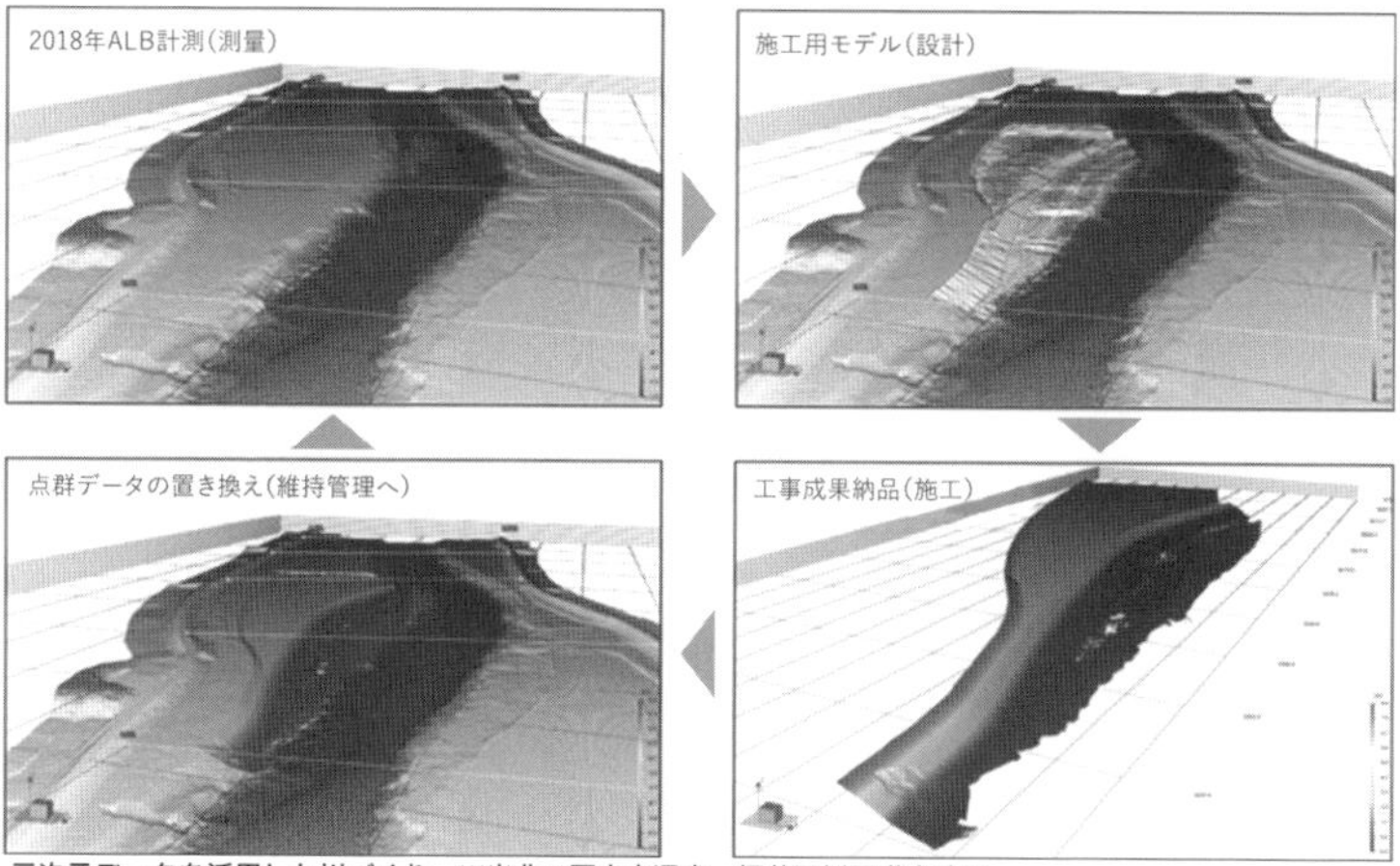

三次元データを活用した川づくり　※出典：国土交通省・福井河川国道事務所

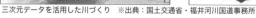

（ALB）という水中も測定できる測量手法を知り、その開発に着手した。開発後、自分が事務所長になった2016年に、公式に現場で活用を始め、その後それが一般的な手法になりつつある。

ちょうど、そのころ施工でもi-Constructionと呼ばれるデータを積んだICT建設機械による施工が一般化しており、三次元データを活用した川づくりが本格的に始められる素地が出来てきた。そこで、2018年に研究所に戻ってから、測量・設計・施工を通じた三次元川づくりの研究開発、なかでもRiTERと呼ばれる三次元設計の技術的検討を中心に行っている。同時に、同様の技術開発に取り組む全国の技術者・研究者に声をかけ、技術の標準化のための検討会を推進している。これらの動きには、国交省にも入ってもらい、行政ニーズと齟齬がないようにするのも私の重要な役目である。建設業における三次元データの活用は急激に進んでおり、ゲームエンジンやVRなど建設分野以外からの参入もあり、とてもエキサイティングな技術開発となっている。三次元データの活用は、現場事務所においても急務となっており、土木研究所では事務所からの課題についても相談に乗ったり、ときには現場にいって一緒に技術的な課題について考えたりしながら、問題の解決を図っている。

このような三次元データを活用することにより生物の生息場所などの河川環境に関する情報も、これまでよりも精緻に分かるようになってきている。これらのデータを河川環境の保全・再生に活かしていくことも同時に研究する必要があるし、実際に進めている。地形に詳しく、空間の制御が得意な土木技術者だからこそできる環境保全・再生もあることを知って欲しい。

大学時代から、国際的な仕事に興味があり、国家公務員を足掛かりに、世界を相手にした仕事に興味があった。無事、国家公務員試験に合格、建設省採用となり、土木研究所（※当時は建設省内の組織）の研究職勤務となったのは、人事の偶然である。当初は行政職志望であった。研究所では河川環境という当時あまり先人のいない新規分野に配属となり、上司や同僚にも恵まれ、徐々に研究の楽しさを知る。志望していた国際関係も成果を出せば学会参加や海外からの招待もある。研究なので当然英語力は活かせる。スイスでの1年間の客員研究員生活も家族で過ごせた。恵まれた環境で楽しんで研究している間に、今に至るというのが実態である。もともと自然豊かな三重の南部で育ち、自然環境を保全・再生する土木技術という仕事にやりがいを感じていることも大きい。２００８年からは国交本省で4年勤務、２０１６年から2年は現場の事務所長も経験でき、２０１８年から河川環境部門のリーダーとして研究所に復活。行政や現場の経験も積み、多様な経験や人脈も活かしてチームの研究の方向性を決め、スタッフと一緒にさまざまな研究を進めている。研究以外にもインハウス・エンジニアとして、国土交通行政の技術的シンクタンクとして本省はもちろんのこと、現場事務所の個別の課題にも相談に乗り、知恵を出したり、技術的課題についてチームで連携し解決に取り組む。ここでは行政経験もかなり役に立っている。行政経験も活かしながら実務に役立つ研究技術開発に取り組めるのが、魅力であろう。

中村 圭吾（なかむら けいご）

1971年生まれ。土木研究所 河川生態チーム 上席研究員（兼 自然共生研究センター長）。河川環境の整備と保全を目標に幅広く研究を実施。大阪大学工学部土木工学科卒。博士（工学）。技術士（建設部門）。休日の過ごし方：まち散策、温泉めぐり。

column
業界本音トーク

こんな人になりたい！①

ここでは「これまで一緒にお仕事をした人で「すごい！」と思った人はどのような人でしたか？」の質問に対し、回答された内容を業種別に紹介したい。まず国家公務員に対して「就活関係のイベントでお会いしたがプレゼン能力が高かった」「総合職の方で、年上の方を部下に持ちながらプロジェクトを管理する能力や人間性自体尊敬した」「事業全体の考えなどを常に示していただけたこと、同時期に調査・設計をしていた業者との調整をとてもスムーズにしていただき、仕事がやりやすく、質の良い成果を上げることができた」「多岐にわたる案件への対応能力があり、迅速な対応に驚いた」などの回答があった。

続いて地方公務員では「首長、議会、キーマン、法的対応含め、全体を把握し戦略的に動いていた」「動きが早く、前例のない事業を担当者自ら組み立て、予算化し実行」「業務をこう進めたいという明確なイメージと方針を提示してくれた」「施工に関する知識が豊富で、受注者として非常に助けられた」「民間のビジネス感覚を持ち、企画力だけでなく、市民感覚で説明していた職員」とのコメントが寄せられている。

最も回答が多かったのは建設コンサルタントに対するコメントで「人脈が幅広く、知識も経験も豊富で、信頼が厚い」「多忙でも確実に高い成果を出してくるタフさとマネジメント能力に驚いた」「提案資料が日々更新され、内容が詰められていく過程を目の当たりにし、その管理能力や情報整理、編集力に感心」「非常に見識が高く、県の事業にさまざまなアドバイスをいただいた」「設計だけでなく工事前の地元調整・関係機関調整から管理までの流れ全体を考慮し、発注者でも見落としがちなところまで網羅するなど助けていただいた」などが見られた。

仕事をしていく上で目標となる人物像を持つことは、自身の成長を促すのに必ず役に立つ。参考にしてみてはどうだろう。

11

不動産デベロッパー

　都市には公共空間とともに多くの民有地が存在する。不動産会社はそうした民有地の宅地造成や有効活用などによって都市の魅力を高め、収益をあげる仕事といえる。大規模な宅地開発に加え、都市の再開発に関する計画の立案・設計・改修にも携わり、当該都市の付加価値創出を目指す。不動産会社と国や地方自治体が連携し、官民一体型のまちづくりが行われることで、公共だけでは難しい都市の賑わいづくりの達成が期待される。不動産会社が持つノウハウや経営センスを活かした公共空間整備は今後も求められるだろう。

不動産デベロッパー

都市づくりのフロンティアとしてまちの顔をつくる

「都市を創り、都市を育む」。これは森ビルが掲げる都市づくりの理念である。建物や都市基盤施設を整備するだけではなく、そこに住まい、働き、行き交う人々の営みを想像しながら、地域やコミュニティの可能性を引き出し、進化・成熟させることで、50年・100年後も輝き続ける都市づくりに取り組んでいる。

不動産デベロッパーの仕事の幅は広く、都市に関わるすべての領域が業務の範疇となる。社内には、地元の方々と協力し都市再開発を企画・推進する都市開発本部、その都市で暮らし一緒に都市を育てていくテナントの誘致を行う営業本部、都市のあるべき姿を考え運営していくタウンマネジメント事業部や管理事業部、文化醸成を担う森美術館など多岐にわたる組織がある。

なかでも、私が所属する設計部は、森ビルが理想とする都市空間（立体緑園都市）の計画の立案・設計・建設・改修と都市が生まれ変わっていくすべての過程において一気通貫で関わっている。業務のなかでは開発・営業・管理など、社内の各部門と連携して、フィードバックされる地元の方やお客様の生の声を分析し、それらを反映した計画の立案から、関係官庁との折衝、完成後の改修まで、多種多様な業務に取り組んでいる。

2020年1月に竣工した虎ノ門ヒルズ ビジネスタワーは、森ビルをはじめ約30件の地権者と進め

仕事の１日タイムライン

- 8：00　出社：メールチェック（各施工現場）
- 9：30　打合せ
  ：設計・施工者と、現場状況・週間工程などの進捗確認・調整（現場）
- 11：00　作業：午後の打合せ協議資料の作成
- 12：00　昼休み
- 13：00　打合せ
  ：設計者と。各担当者が集まり、進捗報告・取り合い調整・課題共有（オンライン）
- 15：00　打合せ
  ：地下通路の道路占用に関して行政協議
- 17：00　作業・打合せ
  ：メール・図面チェックと、社内関係者と設計仕様に関する打合せ
- 19：00　退社

新たな都市活動の場、虎ノ門ヒルズオーバル広場

公共の通行空間を活用した虎ノ門ビジネスタワーの地下歩行者通路（上）

多様な機能が集まり、新たな広場としての役割を担う（仮称）虎ノ門ヒルズ ステーションタワーの歩行者デッキ（下）

空に希望を。
地上に緑を。
地下に喜びを。
MORI BUILDING

森ビルが理想とする都市空間（立体緑園都市）

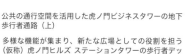

た再開発事業である。再開発区域内においては、周辺の歩行者ネットワークを形成する地下歩行者通路・歩行者デッキ、地域の憩いの場となる公園、快適な通行空間に寄与する道路整備・電線地中化など、大規模再開発で必須整備項目とされる一連の都市基盤施設の設計・施工監理を担当した。

各分野の専門家ではないため、専門的技能をもつ建設コンサルタントと協働しながら計画を進め、我々はプロジェクトの工期・予算・品質などを見ながら、多くの関係者と調整を行い、包括的に設計をまとめるプロフェッショナルとしての役割を担う。再開発事業や都市計画・設計などに関する幅広い知識に加え、コミュニケーション能力・マネジメント能力・リーダーシップなど、総合的な能力が求められる。

常に新しいことを模索する森ビルの取り組みは、慣例を重んじる土木分野で、なかなか予定通りに計画が進まないことが多く、行政機関との協議が難航することも珍しくない。例えば、約４００ｍの地下歩行者通路では、利便性の向上だけではなく、賑わい創出を目的として壁面を利用した広告展開などを提案したが、交通の妨げになることや、その事業スキームなどに対して行政側の懐疑的な声が多かった。

そこで設計段階から、社内の関連部署と協働し、法的手続きや運営・維持管理方法などの整理を行った。地元住民・来街者がその都市の魅力を感じられるような周辺エリアと連動した広告展開・情報発信、その広告収益を維持管理費に充当するスキーム構築など、事業の全体像や実効性を示すことで、行政側の理解を得られている。単なる設計行為だけではなく、都市づくりにおいて企画・開発などの風上から運営・管理などの風下まで関わり、必要となる機能を関係部署と連携して検討できる、不動産デベロッパーならではの関わり方である。

三重県の片田舎で育った私は、建築や土木など、すべての要素が詰まった再開発に憧れ、今の会社に就職した。そしていざ働き始めると、その領域の広さに驚かされた。特に超都心の大規模再開発では、企画し、つくり、運営し、維持し、改修するなど、最初から最後まで余すことなく、さまざまな土木事業に関わることができる点は、この仕事の醍醐味と感じる。また、土木が従来の分野にとどまらず、都市づくりの延長に位置づけられている点も他にはない特徴である。

現在進捗している（仮称）虎ノ門ヒルズ ステーションタワーでは、歩行者デッキを計画しているが、単なる通行機能に留まらない。憩い・集い・語らいの中心となる滞留スペースや、緑を各所に配置した都市活動の舞台となる広場機能を備え、都市の顔として象徴的な意匠となるよう配慮している。また、広場を利用した新たな地域コミュニティや賑わいを生む利活用計画など、理想とする都市空間を実現するために必要な要素を土木の垣根を越えて計画している。そのため、一般的な土木構造物とは、一線を画すようなデザインやアイディアを提案でき、新しい土木のあり方を世の中に発信できる。

都市づくりのフロンティアとして既成概念に縛られず、常に新しいことに挑戦する当社の取り組みは、予定通りに計画が進まないことも多いが、その逆境を乗り越えて完成した都市こそ、延々と輝きを放ち続けることができると信じて、日々業務に携わっている。

田中 草平（たなか そうへい）

1988年三重県生まれ。2013年首都大学東京大学院（現東京都立大学）都市環境科学研究科 都市基盤環境学域 博士前期課程修了。同年森ビル株式会社入社。用地企画部配属後、現在、設計部設計監理部外構担当。休日の過ごし方：飲食店めぐり、散歩、旅行、ドライブ。

こんな人になりたい！② column 業界本音トーク

「これまで一緒にお仕事をした人で「すごい！」と思った人は？」にはたくさんの回答が寄せられているのでもっと紹介したい。まず設計事務所に対して「構造令を創造的に咀嚼し、設計として本来目指すところへ向かう考え方に深く共感」や高速道路会社の方に対して「独自に開発された新技術を積極的に採用し、安全安心なより良いインフラづくりを目指されていることに感銘をうけた」とのコメントがあった。また調査会社の方に対して「打合せ時の説明がとてもわかりやすく、何よりとても楽しそうに仕事されていたことが印象的」との意見もあった。

さらにゼネコンの現場所長クラスの方で「建設工事の際、狭隘かつ稼働中の現場でありながら確実なスケジュール管理と安全管理、品質管理を行っていた」「資材などの調達力がすごかった」などのコメントが寄せられた。不動産会社に対しては「再開発事業・都市計画・設計などの深い知識を持ち、更に社内外の調整業務もそつなくこなす」「若手だがやりたいことへの熱意と機動力がとても高く、プロジェクトを進める上での覚悟を感じた」などの回答があった。また都市再生機構の方に対し「まちづくりの進め方やアイデアが豊富で能力が非常に高い」との声もあった。

次に学識経験者に対し「理念を貫く力とそれを行政と協働で現実のものとする力のバランスがすごい」「これまで会ったことがないほど頭の回転が速く、長期のビジョンを描いている方。こうしたビジョンを示すことが重要な役割だと感じた」とのコメントがあった。最後に地域の町内会長さんという回答もあり「集落を対象に各戸配布のアンケート調査をとりまとめていただき、不足分もわざわざ調査用紙をコピーして協力いただいた。回収率の高さは勿論、事業に対する地域の期待度を感じさせられた」との意見もあった。脱帽である。

12

都市再生機構

　国土交通省の所管で、市街地における賃貸住宅（旧公団住宅）の供給支援や管理などを行う独立行政法人である。再開発ビルの建設や土地区画整理事業による都市基盤整備、未利用地の取得や整備などにも従事し、駅前などの面的な再整備事業に関わる業務などもある。近年、自然災害が頻発しているが、都市の防災機能を強化する公園整備事業などにも取り組んでいる。また古くなった団地のリノベーションに伴い、緑豊かな団地内の屋外空間・環境を活かした都市再生が土木の重要な仕事となるだろう。

都市再生機構

多様な世代が安心して住み続けられる屋外環境づくり

都市再生機構（以下、ＵＲ）では、住民の方々が喜び未来につながるまちをつくっている。大きく分けて、「都市再生」「住環境」「災害復興」の三つの事業部門を中心に取り組んでおり、ここでは私が一番長く携わってきた住環境事業について紹介したい。

ＵＲでは、全国で約73万戸の賃貸住宅を管理しており、住環境事業においてもやることは多岐にわたるが、私は主に既存団地の屋外環境整備と、ＵＲの保有する橋梁に関わる修繕を担当してきた。前者の屋外環境整備では、長年利用され老朽化の進んだ排水管や道路・駐車場などを計画的に修繕し、また、バリアフリーに配慮した通路や安心して子どもと過ごせる広場の整備など屋外空間のリニューアルも進め、小さい子どもからご高齢の方までが安心・安全に過ごせるようにしている。

修繕計画を立てることから工事を終えるまでの業務を進めるなかで気にかけていることは、住民の方々の目線に立つことだ。一方的な想いで計画を進めるのではなく、駐車場周辺の段差・水溜りの解消、子育てをするうえで親同士が集える施設の新設など、実際に住んでいる方々のちょっとした不満や希望を実現することが、生活の満足度を高め、その先のまちの賑わいに繋がると考えている。

また、私のような発注者という立場で大事なことは、「調整力」だと考える。屋外環境整備の企画・

仕事の１日タイムライン

- 8：50　出社
- 9：00　作業
  ：メールチェック、作業整理・段取り
- 9：30　打合せ
  ：課内での作業状況・課題の共有など
- 10：00　打合せ
  ：社外。団地環境整備工事に関わる設計調整
- 11：00　打合せ
  ：社外。橋梁修繕工事に関わる設計調整
- 12：00　昼休み
- 13：00　現場：工事調整（外出）
- 16：30　作業
  ：資料作成。設計・工事計画に関わる精査、図面チェック。翌日作業の段取り、メール返信など（サテライトオフィス）
- 18：00　退社

災害公営住宅

団地屋外

屋外環境整備前

屋外環境整備後

橋梁修繕前

橋梁修繕後

計画には、住民の方々のニーズに加え、自治体のまちづくりに対する意向、団地の今後を見据えたＵＲの方針を踏まえる必要がある。そして、その企画・計画を実現するため、設計事務所・ゼネコンなどと協力しながら、設計・積算・工事監理などを行う。限られた予算とスケジュールのなかでより良い環境をつくるために、周りの多くの関係者と協議・調整を重ね、社内においても造園職に加え、建築・電気設備・機械設備職とも頻繁に意見交換を行い、団地全体の価値向上を目指して職種の枠を超えながらの課題解決を心掛けている。

後者の橋梁修繕では、ＵＲの実績が少ない中で、より効果的な修繕方法を検討した。修繕計画を策定する段階では、点検結果で発覚した健全度の低い部位を場当たり的に修繕するのではなく、その橋梁を含めた団地の30年後の姿を想像しながら、今後長く安心して利用されることを意識し、予防保全も含めて橋梁全体での長寿命化修繕計画を心掛けた。設計に際しては、橋梁周辺とのつながりを意識しながら、橋梁としての機能だけではなく、色彩や照明などの景観的な配慮をしつつ、NETIS登録されている新技術についてもメーカーヒアリングを行い積極的に採用した。工事に際しては、住民の通行に極力支障が生じないように、舗装面を半断面ずつ施工するなど、安全管理を第一としつつ住民が快適に過ごせるように検討を重ねた。

今後、それぞれの事業部門で業務に取り組むことになると思うが、広域的かつ長期的な視野を持ち、目的に向かって会社の枠を超えて多くの関係者と協力をしながら仕事に取り組んでいきたい。

URへの入社は、幼少期の経験がきっかけだ。小学校の放課後はほぼ毎日近くのUR団地の広場で遊び、友人と楽しい時間を過ごしたことを今でも鮮明に覚えている。大学生になり、就職活動をするなかで、自分が今後40年近く何をして働きたいか、何をすれば世の中の役に立てるのかを考えた。その時にまず考えたことが、自分が経験したように、楽しい思い出がたくさんできる屋外空間をつくりたいということだった。そのため、そのような環境づくりに携われるURに入社した。

入社して最初の職場は、東日本大震災で被災された方々のために岩手県沿岸部に災害公営住宅を建設する仕事だった。通常よりも短い期間での行政との協議や工事に関わる調整など大変な経験もあったが、竣工した際には、地域の方々から温かい言葉と感謝をいただき、やりがいと満足感を味わった。次の職場では都市再生事業に携わり、都市の国際競争力と魅力を高める規模の大きな業務に取り組んだ。そして現在、UR団地の屋外環境整備に携わりながら、住民の方々に喜んで頂くことを念頭に、既存の考え方には捉われず、新しい視点でより良い屋外環境をつくれるよう日々考えている。

URに入社して以来、どの職場においても人間関係が良く、やりがいを感じながら仕事ができている。また、すべての業務に共通することは、未来につながる「まち」をつくっていくということだ。これからも多くの経験を積んでいくことになると思うが、少しでも魅力的なまちづくりに貢献をしていきたいと考えている。

高橋 和宏（たかはし かずひろ）

1990年生まれ。独立行政法人都市再生機構技術・コスト管理部都市再生設計課。岩手震災復興支援本部、東日本都市再生本部、東日本賃貸住宅本部を経て、現在本社に在籍。北海道大学環境社会工学科修了。休日の過ごし方：野球、ランニング。

RCCM ―― column 資格の話

RCCMはシビル・コンサルティング・マネージャー（Registered Civil Engineering Consulting Manager）の略称であり、一般社団法人「建設コンサルタンツ協会」が実施している民間資格である。RCCMには「河川、砂防及び海岸」「港湾及び空港」「電力土木」「道路」「都市計画及び地方計画」といった22の専門技術部門がある。有資格者は建設コンサルタント業務に関わる責任技術者や管理、照査技術者に着くことができ、業務を円滑、的確に遂行できる技術管理能力および専門分野の技術力を持つ者と認められる。RCCMは国土交通省の「公共工事に関する調査及び設計等の品質確保に資する技術者資格登録規定」に基づいて登録されるもので、近年増えつつあるプロポーザル方式の業務発注において、受注する建設コンサルタント側技術者の資格要件に使われるケースも多い。

本資格を取得するにはRCCM試験に合格し、登録しなければならない。近年の合格率は2017年が41.5%、2018年が38.1%、2019年が41.9%となっている。RCCMの受験資格は、業務経歴において建設事業の計画、調査、立案、助言及び建設工事の設計、管理の業務に従事またはこれを管理した期間の合計年数が1. 大学院修士課程および博士課程前期修了者：5年以上（博士課程および博士課程後期の在学期間は実務経験とみなされる）、2. 大学卒業者：7年以上、3. 短期大学もしくは高等専門学校卒業者：9年以上、4. 高等学校卒業者：11年以上、5. 中学校卒業者：14年以上、のいずれかに該当する者とされている。またRCCMには継続的に自己研鑽に励み、自らの能力を維持向上させる責務があるとされ、2010年度より本資格の更新には所定のCPD（継続教育）単位を取得することが義務づけられている。

詳しくは一般社団法人建設コンサルタンツ協会RCCM資格情報のホームページをチェック。

13

調査会社、測量会社

普段何気なく目にする地図や地形図は土木の仕事にとって不可欠な情報源である。また土木構造物がつくられる土地に関して、地盤の固さや地質の状況を知っておくことは構造物の安全性を計るうえでの基礎情報となる。そもそも構造物を立てる場所がどちらの方角に位置し、どのような地形で、どのくらいの広さ・高さ・強さを有しているかを知らなければ、設計や計画にすら着手できない。測量会社や調査会社はそうした土木の仕事を進めていく上での前提条件を支える役割を担っている。

調査会社

公共事業における地質調査

国内の高速道路の約4割は、暫定2車線であり、速度低下や対面通行の安全性、通行止めリスクなどの課題が存在する。国道においても同様のリスクが内在しており、4車線化が進められている。さらに、2010年の土壌汚染対策法改正により、それまで調査が不要であった自然由来重金属などを含む土壌が、調査の対象となった。現在は、工事で掘削した岩石についても適切に対策する動きとなっている。

こうした背景のなか、私が関与した自動車専用道路4車線化に向けたその土地の地質調査業務では、以下に示すような道路設計に必要な地質調査に加えて、土壌汚染対策法で必要となる届出資料の作成、自然由来重金属など含有岩石・土砂（以降、「要対策土」とする）の発生する可能性を事前に把握する提案を行い、実施した。

① 届出資料の作成：施工前に土壌汚染対策法で必要な届出や調査が行われていない場合、掘削を伴う工事を開始できない。また、要対策土の存在が施工中に判明した場合は、追加調査や対策方法の検討が必要となり、工事の中断や開通の遅延につながる。そこで、届出資料の作成及び必要となる調査として、土壌汚染対策法に従い、過去の土地履歴を資料などにより把握する地歴調査や実際に試料採取と分析を行う土壌汚染状況調査を実施し、各都道府県の環境局へ届出した。

仕事の１日タイムライン

（在社の場合）

- 8：30　出社
- 9：00　作業：メールチェック、作業整理・段取り
- 9：30　作業
  ：プロジェクトＡの資料作成
  （午後の打合せ資料の微修正など）
- 10：30　作成：プロジェクトＢの資料作成
- 12：00　昼休み
- 13：00　打合せ
  ：プロジェクトＡに関して発注者と（外出）
- 17：00　作業：打合せ結果の整理（帰社）
- 17：30　退社

（現場の場合）

- 8：15　現場到着
- 8：30　危険予知ミーティング
- 8：45　現場作業開始
- 17：00　現場終了
  ：翌日作業の段取り、メール返信後直帰

鉛直ボーリング実施状況

水平ボーリング実施状況１

水平ボーリング実施状況２

② 調査：要対策土の存在が事前に把握されていないと、施工の中断、有価処分などの高額な対策を選択せざるを得ず、工事費用を圧迫する可能性がある。そこで、地質調査時のボーリング試料を活用し、要対策土の存在の有無を把握した。全体の要対策土量が把握できず、施工時に対応ができない現場条件であったため、一部区間について事前評価を実施し、対象区間において要対策土と対策不要土を区分した。また、事前評価ができない区間は、事前評価ができた区間の傾向をもとに調査段階での要対策土と対策不要土の推定をした。これら結果は、施工計画に引き渡すことにより、施工方法に反映された。

③ 調査の未実施区間を整理：施工計画へ適切に引き継ぐため、要対策土の調査未実施区間、対策を必要とする範囲がわかるよう測点ごとに調査結果を整理した図面を作成し、確実に施工できるようにした。

④ 対策方法を事前検討：要対策土からの重金属の溶出機構を把握したうえで、トンネル・橋梁・切土区間それぞれにおいて場内もしくは場外で実施可能な対策方法を事前に個別整理した。内容は、学識経験者からの意見も反映して、環境面・経済面において問題ない方法を検討した。

想定を超える要対策土量の発生は、開通の遅延も引き起こすものの、全長の長いトンネルを対象とする場合など、事前の調査で正確な土量を把握することは非現実的である。効率的な調査方法、想定外に対する施工時の対応策などを事前にどれだけ検討しておくかが重要となる。それぞれの地質・現場条件に応じたオーダーメイドの調査なので、単純に調査を行うだけでなく、設計や施工計画に反映できるよう結果を整理する必要がある。工事現場周辺の知識も重要だ。これらは、設計や施工検討業務よりも前の調査業務を担当する技術者の腕の見せ所となり、非常に面白い。

大学で所属していた研究室は、公害や環境の安全について学ぶ化学系の研究室であった。飛び級で大学院に入った際に、教授からは、これから重要になる重金属の土壌汚染に関する研究を薦められたものの、土壌について学ぶ機会がそれまでになく、どう研究すればいいのかわからない、法律の整備も当時はなく、どう社会に役に立つのかがわからず、やりがいをなかなか感じられなかった。

そんな状態で5年間大学院に所属していたものの、就職時には、学んだことを社会に還元したい、土壌汚染は研究室ではなく民間企業が最前線だと思い、土壌汚染の調査をしている地質調査会社を選んだ。仕事をしながら博士論文を最終的に出せたのは、卒業8年後であったが、継続は力なりだと思う。

仕事では、常に自分の強みを意識していたが、学会活動などを通じて、苦手意識のあった土木の知識がわかれば、もっと適切な提案ができると考えるようになり、積極的に学ぶことにより、仕事が面白く、また自信にもつながった。自然由来重金属などの土壌調査は、従来の地質調査の一部という位置づけになることも多いが、発注者が施工時に直面する内容の一つでもある。機械的に調査するのではなく、事業を止めることなく、環境面にも配慮した施工を行うことができるかを試行錯誤した結果、担当者として静岡国道事務所長表彰を頂き、評価を受けることもできた。仕事をする時間は人生の一割程度、一生懸命楽しんで仕事をすれば、結果も必ずついてくると思う。

山田 優子（やまだ ゆうこ）

1975 年名古屋市生まれ。博士(環境学)、技術士(環境部門)。横浜国立大学大学院工学研究科物質工学専攻博士課程後期を単位取得退学後、応用地質(株)入社。2011 年同大学院環境情報学府で論文博士取得。2015 年より国際航業(株)に入社、現在は公共コンサルタント事業部 中部統括部。休日の過ごし方:キャンドル作り、カフェ巡り。

測量会社

すべての土木事業を下支えする基盤データ整備

人々の目に直接的に触れる仕事とは言い難いところはあるが、今の日本は測量・調査という屋台骨を支える技術があるからこそ成り立っている。

測量会社・調査会社の仕事は、重要な基盤データ整備を主軸としすべての社会施設を支えるための根底に位置している。データ整備を行うための計測技術は多岐にわたり、従来からの現地測量調査をはじめ、宇宙からの衛星観測（リモートセンシング）、上空からの航空機・ドローン計測（写真・レーザ）、地上は車載写真レーザ・地上レーザ計測、船上からの水中ナローマルチビーム計測と、さまざまなセンシング技術を用いて陸海空宇宙から地球上の地形・地物情報の位置を正確に捕捉している。

これらの情報は、災害関連（被害規模把握・分析のための画像取得、ハザードマップの高さ情報、急傾斜地保護のための砂防基盤図）、設計関連（道路・下水道・河川の設計用高精度基盤図）、都市計画関連（下水道法・道路法・都市計画法に基づいた基本図）、自動車関連（自動運転用の高精度地図）、固定資産関連（課税客体調査用の写真図）、環境文化（遺跡調査）などすべて書ききれないが多くの事業の下支えをしている。また、昨今では国が推進している三次元基盤データへの対応、i-Constructionによる建設生産システム全体の生産性向上にも積極的に取り組んでいる。

仕事の１日タイムライン

- 8：30　出社
- 8：45　作業
  ：メール確認・処理、段取り、発注者連絡など
- 9：00　作業
  ：各プロジェクトメンバーへの管理監督など
- 10：00　打合せ：部門責任者との生産ライン改善協議
- 11：00　打合せ
  ：プロジェクトＡ成果検査・修正指示など
- 12：00　昼休み
- 13：00　打合せ
  ：プロジェクトＢ成果検査・修正指示など
- 14：00　打合せ
  ：プロジェクトＣ成果検査・修正指示など
- 15：00　打合せ
  ：プロジェクトＤ成果検査・修正指示など
- 16：00　打合せ
  ：プロジェクトＥ成果検査・修正指示など
- 17：00　作業
  ：各プロジェクトメンバーへの進捗・課題確認
- 17：30　作業
  ：翌日以降の業務計画、改善対応、
  発注者報告など
- 18：30　退社

北上川の河床（Airborne LiDAR Bathymetry）

MMS（モービルマッピングシステム）
で計測した道路法面の三次元データ

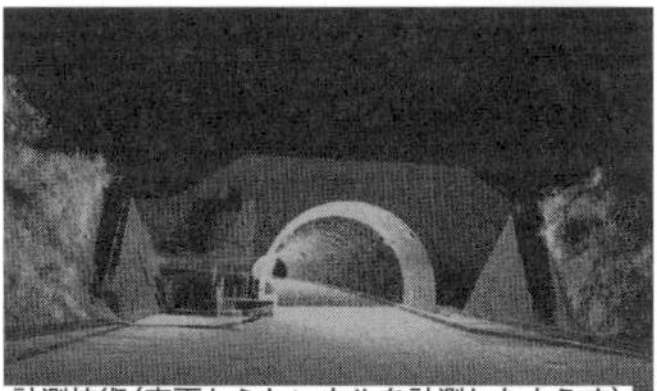

計測技術（車両からトンネルを計測したようす）

ICT・GIS による分析・効率化

そんななか、２０１９年3月に国土交通省から報道発表されたi-Constructionに資する事業に私が主任技術者（管理責任者）として従事した時のことをここで紹介したい。

このプロジェクトは、山梨県が進める新山梨環状道路の東部区間建設事業において設計（調査・測量・設計）→施工（着手、完成時）→維持・管理を三次元モデルで連携し、段階的構築を行うＣＩＭ（Construction Information Modeling/Management）として試行的に実施された。

プロジェクトでは、専用の飛行機に搭載した航空デジタルカメラで写真撮影を行い、設計者が基本・詳細設計した後に、施工者が三次元設計データと組み合わせデジタル管理するための基盤として三次元地形図を作成し、一部区間では試行データとして二次元で設計された図面から三次元モデル化し、両者を統合モデルとして作成した。

業界としても実績がない状態からのスタートのため、国が策定したガイドラインや道路設計のための三次元地形データ作成仕様に関する技術論文などを読み、設計者の要求条件を参考に作成仕様を組み上げた。地形図を作成する上で現実世界を三次元で表現することは非常に困難で二次元の三倍近く手間がかかり、とくに高さの精度は現地に近いものが要求される。航空写真測量は、広域を低コストで地形図を作成することに長けているが、高さの精度は現地測量より劣るため、本プロジェクトでは現地測量結果も三次元地形図に取り込み高さの精度を確保した。

試行錯誤で大変であったが、現在は後続事業に成果を共有し、三次元の基本・詳細設計段階に進んでいる。

私がこの業界を知ったのは、高校時代のことである。環境工学という専門的な学科で、測量・情報処理・土木・農業・建設など、環境保全・開発に関わる知識と技術を学び、測量士補の資格などを取得した。大学も高校の分野を延長した格好で、環境情報学科に進学し、ゼミではより専門性を絞り災害対策・防災計画などへ活用されているリモートセンシング・航空測量・地理情報システム（GIS）の知識を習得する傍ら、長期休みには測量会社で実務も経験し、さまざまな測量・調査・データ処理の経験値を養った。就職先も、学生時代に得た知識・技術を最大限活かせることや、人々が安全・安心に生活するために先端技術を駆使し大きなスケールで仕事・貢献できると考え、大手測量調査会社を選択した。

地球というリアルタイムで変化している生き物を相手にしながら正確に測（量）るのは至難の業であり、同じところを測量・調査しても結果は毎回違う。正解がないものに対して、自分で答えを導き出しながら高度な見識と経験・技術力を発揮する必要があり、日本最先端の土俵で勝負できる環境であることにやりがいを感じている。

私の場合、明確なビジョンが当初からあったわけではなく、さまざまな専門に触れながら興味を持った分野だが、このような業界の変革期で柔軟に対応するには、既成概念に捉われないしなやかなマインドを持ち、事業全体の本質を見極め、経験・応用力・創造力を活かして未来へ繋がる仕事に責任を持って臨み後世に受け継ぐ必要がある。

古本 真也（ふるもと しんや）

1981 年生まれ。株式会社パスコ 東日本事業部 主任技師。広島工業大学 環境学部 環境情報学科修了後入社、国内事業及び海外赴任時に海外事業も経験し、現在に至る。休日の過ごし方：家事、散歩、単身赴任先から帰省。

column
業界本音トーク
こんな人にはなりたくない！①

前回の質問とは逆に「これまで一緒に仕事をしたなかで困った人はどんな方でしたか？」についても聞いてみた。まずは事業などの発注・受注に関わる公務員に対して「国・県の公務員の方で、発注後に二転三転して、計画を何度もやり直させられた。内容をきちんと精査して発注していただきたい」「発注者として受注者におんぶにだっことなるのは仕方ない面もあるが、せめて発注者としてやるべきことは全うしてほしい」「国や都道府県のモンスタークライアント。自分の思い通りの成果にならないと怒鳴り散らす。無理な工程を押し付けてきて弊社メンバーが潰れそうになった。我々の仕事は請負業なので、まさに請け負け。対等な立場で仕事をしたい」などの声が寄せられた。

また仕事の仕方や姿勢に関する困った人として「モチベーションがない地方公務員」「やれない理由ばかり言及し、やろうとする努力を見せない」「ある業務で協業した自治体職員の方で、業務をどう進めたら良いか方針がなく、複数提示しても、明確な回答がないまま業務終盤に方向転換され、手戻りとなることがあった」などの回答があった。さらに「固定観念が強い自治体で、新規の取り組みについてもあまり理解が少なく、行政協議が難航した」といった組織に対するコメントもあった。

次に建設コンサルタントとのお仕事で「道路事業で隣の工区の調査を受注した他社の方で、考え方が異なるので調整を試みたが取り合ってもらえず、結果、隣接工区で異なる方針や成果となった」「協業を依頼してきた方が検討の時間を確保することなく、勝手に発注者・行政の依頼や意向を安請け合いしてきた」「メーカーに丸投げをされる方も一定数おられる」「設計業務で協議した際、何度も図面を修正依頼したが、修正が遅く、意図とは違うものが毎回挙がってきた」などの回答が寄せられた。怒りの声は次のコラムまで続く（苦笑）。

14 設計事務所

　土木がつくる各種の構造物はまちの骨格にもなりえ、そうした構造物を良質な形でつくり上げることで、そのまちの景観や暮らしを魅力的に変容させることができる。土木構造物や公共空間の整備に際して、景観への配慮が求められる今日、そうした構造物のデザインや魅力ある空間整備を専門とする設計事務所の活躍が期待されている。プロポーザル方式の採用など、提案力が重視される今後の土木の仕事やまちづくりにとって「デザイン」を専門に活動する設計事務所の役割は、より多面的に求められてくるだろう。

設計事務所

土木をデザインする

「土木のデザインをやっています」。

初めましての挨拶で私がこう言うと、ん？土木のデザイン？と大抵の人はきょとんとした顔をする。

土木は、神羅万象あらゆる自然と人間を取り巻く環境を対象としている。しかし、都市化の流れのなかで、ものをつくる技術の最適化とそれを支える組織の体系化が進み、現代の社会では安全と快適は当たり前になった。そのため、普段私たちの目の前に現れている風景に土木が意識されることはほとんどない。つまり、良くも悪くもいまの土木は「見えない土木」になっていて、それを「デザインする」と言われてもよくわからないのだ。

ものづくりのプロセスは抽象化（Abstraction）と具現化（Materialization）の往復である。最終的に、ものをつくることを具現化と呼ぶとすれば、そこへ向かって抽象化する行為が設計だ。私たち設計事務所は、この設計の本質に立ち返り、地域の歴史や文化、そこに暮らす人々の生活や営みを丁寧に調べ、その土地の未来に向かってあるべき形を描くチームとして活動している。スケッチをすること、図面を描くこと、模型をつくること、そして自らの言葉で語ること。設計行為を通じて、ものづくりへ向けた組織や技術を統合し、風景として再構築する、つまりデザインすることを仕事としてやっている。

仕事の１日タイムライン

- 9：00　出社
- 9：45－10：00　打合せ：社内（オンライン）

＜設計事務所で日々行われていること＞
・プロジェクト毎の社内ミーティング
・他社含めたチームミーティング
・図面やモデリング作成
・模型製作、スケッチ作画
・資料調査、プレゼン資料作成
・発注者やクライアント、市民との協議
・使用する素材やサンプルのチェック、メーカー打合せ
・現地調査や施工現場、製作工場の確認、出張
・工事数量や見積書、概算工事費のとりまとめ
・デザインコンペやプロポーザル作業、契約事務

- 19：00　退社

出島表門橋

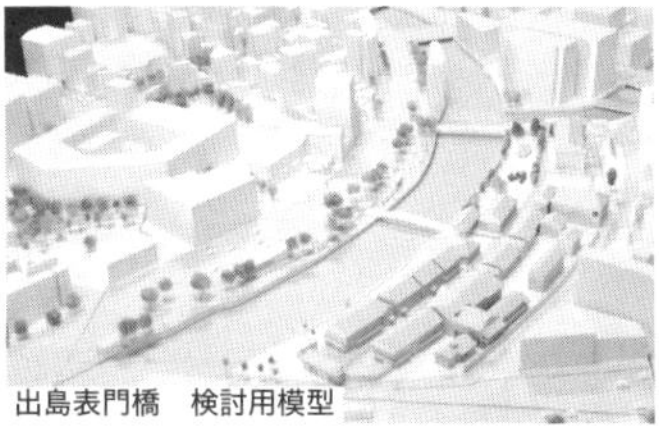
出島表門橋　検討用模型

出島表門橋　スケッチ

EAU のオフィス（photo by Kazumi Kiuchi）

２０１７年11月、長崎出島に約１３０年ぶりに再び橋（出島表門橋）が架かった。近代化の過程のなかで一旦は長崎のまちに埋もれた出島。今回の架橋は２０５０年を目標に長崎市が進めている出島復元事業の一環として実現した。橋はベルギーを本社とする設計事務所Ney&PartnersJapanが手がけ、私たちは出島と再び橋でつながった対岸の水辺、出島表門橋公園を設計した。設計では歴史の連続性を意識して、かつて橋が架かっていた江戸時代の護岸線を現代の公園の骨格に取り入れ、長崎の人々の無意識に沈みかけていた出島という存在を風景のまとまりとして顕在化させることを目指した。さらに、設計チームの有志でDEJIMA AGAINというキャッチフレーズをつくり、プロジェクトのＰＲ活動を展開。工事用仮囲いへのグラフィック・現場見学会・映像制作・ワークショップなど、さまざまな仕掛けを行い、その活動が地元企業や多くの長崎市民が事業への大きな関心と関わりを持つきっかけとなった。DEJIMA AGAINは完成後の現在も市民有志による橋と公園のメンテナンス活動（はしふき）へとつながっている。

このように、土木をデザインすることは、単に形や色をきれいにすることではない。そこに暮らす人々の行動や環境との関わり方を変えることも土木のデザインなのだ。慣例主義、事なかれ主義の心ないものづくりにはやるせない怒りと虚しさを感じる。人・自然・ものづくり、これらをあるべき関係に繋ぎ直し次世代へ継承することこそが、土木をデザインするということである。

１９９４年、大学入試センター試験の２日目が終わった翌日の早朝だった。私は京都で激しい揺れに襲われて目が覚めた。テレビでは昨日まで何事もなく過ごしていた神戸のまちが瓦礫と化して火の手をあげている。私は、生まれて初めて日常の風景が一変することを目の当たりにした。

この国の土木は、便利で安全で快適な都市を計画的につくることに関してはその実力を十分に発揮してきた。しかし、一方で技術や組織の枠のなかで閉じて物事を進めることに慣れ、風景がトータリティを失い、人と大地の関係に綻びを招いてしまっているのではないか。高度にシステム化された社会は人の感性を鈍らせる。皮肉なことに、私たちは大規模な自然災害によってそのことに気づかされるのだ。

さまざまなプロジェクトを通じて改めて確信していることがある。それは、設計は人と大地の関係を結び直す大切な手段だということ、そして風景を通じた体験こそが重要であるということだ。体験こそが人を未来へ動かす原動力である。意図せず偶発的に得られる体験は、想像を超え、驚きに満ち、印象的で記憶に残るものとなる。

ものづくりが好きで、建築を目指して大学へ進んだ私は成績不振で土木に進んだ。一瞬にして一変するかもしれない風景を、ずっと変わらないかもしれない風景を、人知れず土木はつくり続けている。だからこそ、その何気ない日常の風景に、土木に出会った一人の人間として誰よりも意識的であり続けたいと思っている。

崎谷 浩一郎（さきたに こういちろう）

株式会社 EAU 代表取締役。1976 年佐賀県生まれ。1999 年北海道大学土木工学科卒業後、東京大学大学院景観研究室にて篠原修に師事し、土木のデザインを学ぶ。主なプロジェクトに旧佐渡鉱山遺跡広場（新潟）、出島表門橋公園（長崎）など。休日の過ごし方：麹を使った発酵料理。味噌も仕込んだりします。

設計事務所

空間づくりを主戦場とし、まちや社会を構想する

我々のようないわゆる「アトリエ系」と呼ばれる設計・デザイン事務所は、土木の世界にはまだまだ少ない。その規模も、多くて1社あたり10人程度である。したがって、数百〜千人規模の大手土木建設コンサルタントとは、おのずと仕事のやり方や目指すものが異なってくる。

我々のような設計事務所は、その名の通り「設計」＝「具体的な空間や形を提案し、つくること」を仕事の核とする。通常、広場や街路など不特定多数の人が使う公共空間をつくるには、膨大なリサーチや構想・計画があり、そうした積み重ねの先にようやく「設計」がある。設計事務所は、その「設計」という空間づくり・ものづくりの最終フェーズを主戦場とし、具体的な空間からまちや社会を構想する。

リサーチや計画といったプロセスは重要だが、それらをただ積み重ねていくだけで、まちや地域にとってふさわしい場所や空間が生まれるわけではない。時には、設計というフェーズからそれまで積み上げられた前提を覆し、あるいは新たな視点を加え、目指すべきまちや社会の姿を空間とともに提示しなおすことが必要となる。理屈や正しさ、合理性だけではない提案がまちを動かすことがあるし、それこそが、土木という分野において、我々のような小さな設計事務所が果たすべき仕事だと考えている。

2013年度のJR長崎駅および駅前広場のデザインプロポーザルでは、新幹線と在来線が並ぶ高

仕事の１日タイムライン

- 9：30　出社：資料チェック、メール返信
- 10：00　打合せ：所内。プロジェクトA
- 10：30　打合せ
  ：発注者とプロジェクトBについて
  （オンライン）
- 12：00　昼休み
- 13：00　打合せ
  ：行政の景観アドバイザーとして設計者との
  対面協議（外出）
- 16：00　作業：メール返信（帰社）
- 16：30　作業：プロジェクトCのデザイン検討
- 18：00　打合せ
  ：プロジェクトAの定例会議（オンライン）
- 19：30　打合せ：所内。プロジェクトB
- 20：00　打合せ：所内。プロジェクトD
- 20：30　作業：資料整理、メール返信
- 21：00　退社

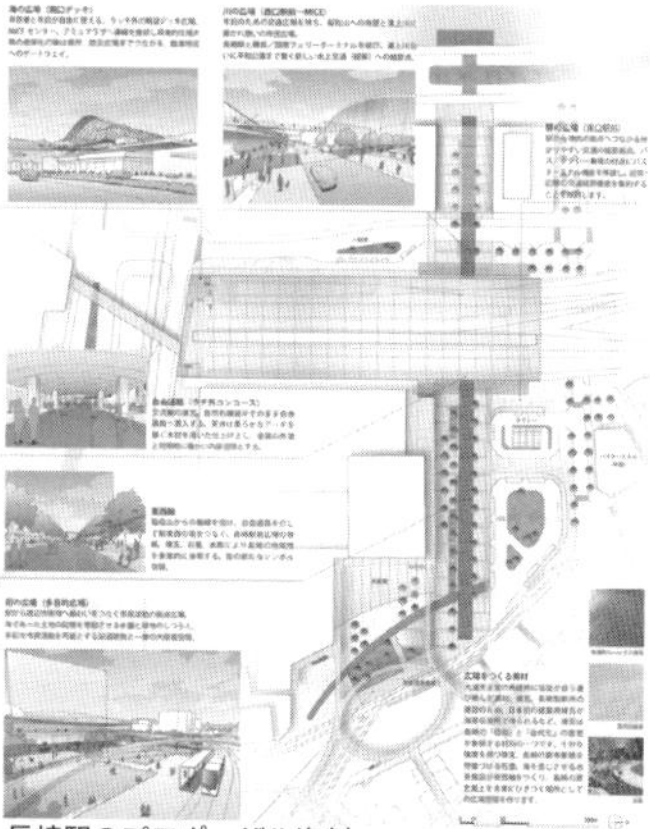
長崎駅のプロポーザル資料

現場説明

完成式典

架ホームを大きく包む駅舎と、駅前広場の敷地を越えて、まちへとつながる広場空間を提案した。駅を東西に貫くプロムナードと、それに連なる複数の広場が、長崎の海・川・山・市街地と駅をむすびつける。平地の少ない複雑な街割のなかに多くの観光拠点がひしめく長崎において、駅がまちの新しい拠点となるには、駅や駅前広場が、機能的にも空間的にも、まちと強くむすびつくことが必要だと考えた。広場や道路を前提条件から捉え直し、敷地内で完結しない空間としての提案だった。

それから7年間、長崎駅のプロジェクトに関わり続けているが、現在は2022年の新幹線開業に向けて、駅や広場の工事が進んでいるところである。駅のプロジェクトには、周辺施設の開発や交通計画など、公共・民間あわせて非常に多くの主体が関係するため、できあがるまでに長い時間と数え切れない交渉、協議が必要となるが、そのなかで、変更を余儀なくされる提案も多い。我々の提案も、すべてが敷地を越えられたわけではなかった。しかし、当初の提案に込めた、広場を通じて駅からまちなかへ人々の動線や活動をつないでいく考えは、いまも長崎駅の最も重要なコンセプトとして生きている。駅や駅前広場の開業は、まちのもつ長い時間軸の中でみれば一つの通過点に過ぎない。設計のなかで空間に込めたコンセプトは、時間をかけてまちを変えていくものと信じている。

自分自身、20代中頃までいまのような将来像を描いたことはなかった。恥ずかしながら、何か特別にやりたいことがあって大学に入ったわけでも、東京に出てきたわけでもなく、大学内の進学で学部を選ばなければならなくなったとき、恩師に出会い、土木の景観デザインという分野があることを知った。そこからの人との出会いとつながりが、いまの自分をつくっている。

ただ、40歳を過ぎて思い返せば、子どもの頃から引越しばかりで東西さまざまな地域に住んだ経験が、まちの風景をつくるモチベーションにつながっているのかも知れない、と思う。知らないまちで、よそものの自分を最初に受け入れてくれたのは、いつもそのまちの風景だった。一人でも孤独と感じないような風景をつくりたいという思いは、いつも頭のどこかにある。

土木の設計・デザインの特徴は、常に地域に根ざしたものだということである。駅であれ街路であれ、同じ場所は一つとしてなく、同じ答えは一つもない。常に異なる課題に向き合いながら、最後には設計という形で具体的な空間としていくのは、飽くなきやりがいを感じる仕事である。特に我々のような設計事務所は、小さな組織であるがゆえに、組織としての意思決定に対して、スタッフ一人ひとりが近いところにいる。個人としても組織としても、どのような価値を社会に示していくかをダイレクトに問われる環境は、規模の小さな設計事務所ならではの面白さだと思う。

吉谷 崇（よしたに たかし）

1978年生まれ。株式会社設計領域代表取締役。東京大学大学院社会基盤工学専攻修了。渋谷区景観アドバイザー、早稲田大学非常勤講師。主な仕事に松山市花園町通り（2019年土木学会デザイン賞最優秀賞）、富士宮市神田川ふれあい広場、長崎駅舎・駅前広場（継続中）など。休日の過ごし方：まち歩き・バンド活動（子育てのため休止中）。

こんな人にはなりたくない！②

column
業界本音トーク

前回の困った人の続きで、建設コンサルタントの方に対する回答から。「発注業務でご一緒した際、技術力がないのに受注し、こちらが懇切丁寧に指導しないといけなかった」「設計条件を決めるまで動かない方。設計条件は発注者に決めてもらうのではなく、一緒に検討して決めていくものという認識がない」「自分の意見を曲げず、説明を求めてもこちらが満足いく対応がなされなかった」などのコメントが得られた。

次に仕事の認識の違いについて「行政やコンサルタントで、景観デザインの仕事をいまだに「修景」作業と認識されている方」「小規模建設会社の現場代理人で、工事現場の安全管理に認識が甘いところがあり、発注者の立場から指摘したが、なかなか改善してもらえなかった。安全に対する認識を統一するのに苦労した」といった具体的な内容も挙がっていた。さらに「ゼネコンの現場代理人の方で工程や近隣調整でトラブルがあると感情的になられて困った」といった回答や「プロジェクトマネジメントの経験がないシニアエンジニア」などの意見もあった。

その他、「指摘してもあいまいな答えしかしない研究者」「過去の事例に囚われ、時代に合った解釈をしてくれない行政官」「物事を決められたルールでしか判断しない人」といったコメントも寄せられた。また多くの協議を有する土木の仕事に関して「行政内部での意思疎通がうまくいかない。合意形成がうまく進まず苦労した」「職種を問わず、責任感を持たずに受け身で仕事をする人と協業すると物事が進まないばかりか手戻りも多い」「内部・外部とも、進捗状況など報告がない方は困る」「協議のなかで宿題となった作業しかしない技術者もしくはそれすらまともにできない技術者」といった厳しい回答も見られた。

誰しも困らせたくてそうしているわけではないと思うが、以上、反面教師の例として、参考になれば幸いである。

15

高速道路会社

旧日本道路公団が分割・民営化されてつくられた株式会社であり、有料となる高速道路の新設や改修・維持管理に従事している。略称としてNEXCO（ネクスコ）と呼ばれ、東日本・中日本・西日本に分かれて当該地方の業務にあたっている。現在、ネットショッピングを利用する人々が増加し、物流に対する需要の高まり、災害時の物資輸送や自動運転システムの導入など、高速道路に対するニーズは今後ますます変化し、これに応じた業務のあり方が問われていくだろう。

高速道路会社

道路をつなげるための道筋をつける

日本の高速道路ネットワークはほぼ概成されている一方で、ミッシングリンクとして未だに整備が必要な主要幹線道路（高規格幹線道路）が存在するのも現状で、これらの地区では早急に整備が望まれる。現在私が担当している、愛知県・岐阜県・三重県の3県にまたがる東海環状自動車道の整備事業もこれに該当する。

東海環状自動車道は全長約１５０㎞の主要幹線道路で、そのうち西回り区間約40㎞を現在整備中である。もともと本事業は国土交通省と当社の合併施工方式で進められ、当社は国土交通省で構築された道路構造物を引き継ぎ、舗装や施設設備関係の工事を担当してきた。しかし財務省による財政投融資の仕組みの活用、さらには中京圏の新たな高速道路料金の導入により、その後三重県・岐阜県の一部の東海環状道は道路構造物の検討も当社が担当することとなり、現在は国土交通省と共同で事業を行っている。

私は三重県区間の約15㎞を担当し、今後取りかかる工事の設計・工事発注、また現在進行中の工事の管理が主な仕事である。設計では、現地状況を把握するだけでなく、道路排水の流末をどこに設定するか管理者と協議したり、保安林や砂防指定地を開発する際にはその許可を得るための協議を進めている。

また、工事発注にあたっては開通までの工程を踏まえ、どのタイミングでどのような工事を発注するの

仕事の１日タイムライン

8：30　出社

9：00　打合せ
：事務所内での本日の予定確認、情報共有など

9：30　打合せ
：工事・設計発注前に自治体との打合せ（外出）

12：00　昼休み

13：00　打合せ
：契約中工事の受注者との現場状況の確認（外出）

16：00　打合せ
：打合せ結果の整理、工事区メンバーと作業分担（帰社）

16：30　作業：資料作成。工事や設計の発注手続き

17：30　作業：資料作成。契約中工事や設計の書類確認

18：30　作業：翌日作業の段取り、メール返信など

20：00　退社

設計前には現地を自ら調査

受注者と工事の方法を協議

工事の状況を確認

工事現場状況（2021年5月）

か計画立案し、具体的な工事発注図書や積算を行っていく。工事契約後は受注者とともに詳細な工事工程を確認し、地元住民への説明や、工事進捗に合わせて発生する課題の解決を考える。もちろん事業を進めるにあたっては近隣にお住まいの方々への説明や、共同事業者である国土交通省とも綿密に情報交換していることは言うまでもない。

道路の新規建設事業とは、自分が携わった仕事がダイレクトに現場に結果として現れる、とても分かりやすい仕事だ。ただし将来この道路を通行される方々が安心して利用できるよう、発注者として意思決定する際には一つの案件に対しさまざまな角度から検討し、万全な判断を行わなければならない責任がある。けれどそういった過程を経て自ら考えた結果が現物として出来上がったときの達成感は、他に代えがたいものだと感じている。

このような過程を経て、２０２６年には三重県と岐阜県が初めて高速道路で結ばれ、東海環状自動車道が全通することにより、中京圏の環状道路が完成する予定だ。

言ってみれば私の仕事は「さまざまな人と会話をし、物事の道筋をつける」ということだ。そのためには高速道路や工事の知識と同じくらい、相手の立場や気持ちを理解する力が求められる、と感じている。会話は片道では成り立たない。自分が何がしたいのか、相手に何をしてもらいたいのか、それに対して相手がどう思っているのか、日々自問自答しながら「道路」の「道筋」を付けるために悪戦苦闘する毎日である。

「入院でお世話になった看護師さんに憧れて」「幼いころから飛行機が好き」、そんな具体的なきっかけがないまま、自分の将来を考えざるを得なくなった高校時代。たどり着いた答えは、「ものをつくる仕事をしたい」「一つの目的に向かって、みんなでワイワイと賑やかに仕事がしたい」ということで、私は大学で土木を学ぶことを決め、高速道路の建設から維持管理まで関われる当社で働くことになった。

２００１年に日本道路公団（当時）に入社し、高速道路の交通量データから渋滞・事故対策などを行う部署に配属された。その後、東名高速道路の管理事務所で老朽化対策を検討。２００５年の公団民営化前後では新会社のブランディングを担当した。民営化後の会社像を考え、社員の意識改革やロゴマーク製作などで企業イメージを定着させるという、土木とは異なる内容だったが、対内外のコミュニケーションスキルを得られる大切な経験となった。その後、新東名高速道路の愛知県区間の建設や、営業中路線の渋滞対策、休憩施設の改良計画などを担当し、２０１９年から現職となった。

入社の動機のとおり高速道路の建設から維持管理までさまざまな経験をさせてもらっている。高速道路の仕事にも幅があり、また地域によっても内容が異なる。しかしどの職場でも感じることは、一人では何もできず、大勢の人が異なった見方や意見を持ち寄ることでミッションが完成したり、より高い質に仕上げられるということである。これからも一つひとつの出会いを大切にして自分の仕事と向き合っていきたい。

川島 陽子（かわしま ようこ）

1978年生まれ。中日本高速道路株式会社名古屋支社四日市工事事務所北勢工事区工事長。2001年日本道路公団入社。2005年分割民営化により中日本高速道路㈱へ。休日の過ごし方：犬の散歩、茶道。

土木学会認定土木技術者 ── column 資格の話

土木技術者の継続的な技術レベルの向上を念頭に、土木学会が独自に認定している。学会によれば、教育・研究を含む土木分野全般を対象に倫理観と専門的能力を有する土木技術者を、学会が責任を持って評価し、社会に明示するものとしている。具体的には「特別上級土木技術者」「上級土木技術者」「1 級土木技術者」「2 級土木技術者」の 4 つの資格があり、取得にはそれぞれ 1 年、7 年、12 年、17 年の実務経験（大学院在籍も実務経験とみなす）が求められる。ただし、2 級土木技術者は大学院生に加え、資格登録時に日本技術者教育認定機構（JABEE）より認定された学科を卒業できるのならば大学学部生でも受験ができる。

資格取得のメリットとしては、2007 年に国土交通省の「発注者支援業務の契約方式の見直しについて」のなかで、上級土木技術者、1 級土木技術者が管理技術者の要件に追加された。さらに民間企業への入社選考の際には、エントリーシートを多くの学生が作成するが、土木技術検定試験（2 級土木技術者資格審査）での得点や資格登録の有無が選考時の参考となるケースもみられる。土木学会の「コンクリート標準示方書」でも、責任技術者に必要な資格として特別上級土木技術者、上級土木技術者が挙げられ、徐々に本資格の活躍の場は広がりつつある。

認定証の有効期間は 5 年間で、その後も資格を保持するには「土木学会認定土木技術者資格更新規程」に基づき、更新申請手続きを行う必要がある。各資格の更新には認定証の有効期間内に 250 以上の CPD 単位の取得証明が必要となる。なお 2020 年度の更新手続きより、特別上級技術者資格における 2 回目以降の更新は 150CPD 単位で更新が可能となった。各資格に応じて筆記試験（択一式問題、記述式問題）、口頭試問などが行われるが、詳しくは土木学会の「土木学会認定土木技術者資格制度」のホームページをチェックしてほしい。

16

電力会社

　私たちの生活には電気が不可欠である。実は電気を発電し、配電するための施設整備および維持管理には、土木に関わる構造物や技術が役立てられている。日本には一般の電気事業者として、北海道から沖縄まで「〇〇電力」と称した10の会社があり、それぞれが管轄地方への電力供給業務に従事している。地球温暖化が叫ばれる今日、環境への負荷や災害時のエネルギー供給のあり方など、持続可能な社会形成に向けた電力会社の活躍が期待される。

電力会社

ライフラインを担う土木構造物の維持管理

電力会社の土木構造物として、真っ先にイメージするのは何だろうか。発電の種類は水力・火力・地熱・原子力・太陽光・風力などあるが、土木技術者が携わる部分は発電設備の基礎をイメージしないだろうか。間違いではないが、火力や原子力に代表される発電設備の基礎構造物の建設以外にも、水力発電に必要な「ダム」の建設や、その維持管理・運用も重要な仕事である。

ダムには洪水時の河川の水量調節を担う「治水ダム」と、発電・水道・農業などに利用する「利水ダム」がある。前者は洪水時に貯水できるよう平時の貯水量は少なく、後者は常に水を利用できる状態にしておくために貯水している。利用目的によって平時の貯水量が異なるが、洪水時の安全なダム運用を求められるのは治水・利水ともに変わらない。もちろん電力会社が管理するのは利水ダムである。ここでは、安全なダム運用を行うべく電力会社の土木技術者として維持管理に携わってきた経験を記したい。

電気は同時同量の原則があり、電気を使う「需要側」と、電気をつくり送電する「供給側」が同じでなければならない。そのなかで、需要が大きくなったときに素早く発電させることができるダム貯水型の水力発電は、需給バランスの調整に極めて重要な役割を担う。水力発電の土木設備では、ダムのほか導水設備（トンネル・水圧鉄管）などがあり、それらを適切に管理し、安全に運用していくことが水力

仕事の１日タイムライン

- 8：30　出社
- 8：50　作業
  ：朝礼、メールチェック・返信、業務内容確認
- 9：00　打合せ：巡視・点検内容共有
- 9：30　移動：現地へ
- 10：30　現場：巡視・点検準備、危険予知活動
- 11：00　現場
  ：巡視・点検。漏水・変位測定、動力設備点検、目視確認など
- 15：00　現場：巡視・点検終了、片付け
- 16：00　作業：巡視・点検結果の整理（帰社）
- 17：00　作業
  ：終礼、本日業務結果の共有、翌日業務内容確認
- 17：30　作業：翌日業務準備、片付け
- 18：00　退社

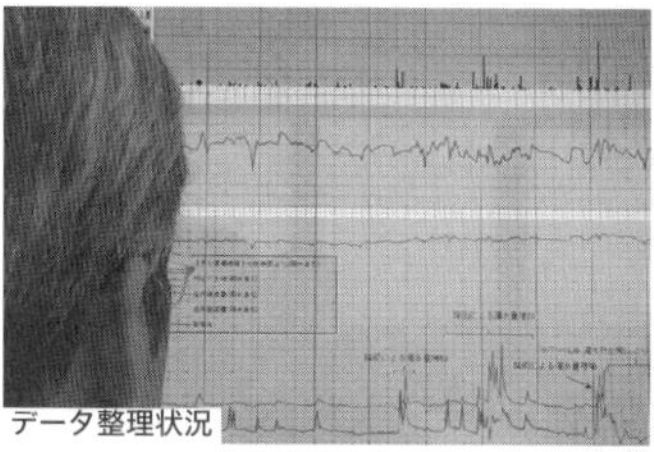
データ整理状況

打合せ風景

ダム放流状況

上椎葉ダム堤体点検

発電所の維持管理に従事する土木技術者の使命である。

日常での水力発電所、特にダムの維持管理としては、巡視・点検に基づく安全性の確保が主要業務となる。安全に水を貯水し続けることは当然であるが、洪水の際に設備が確実に機能するよう万全の状態にしておかなければならない。そのためには、常にダム堤体、及び付帯する洪水吐ゲートやまき揚機などの機械・電気設備の状態を把握しておく必要があるため、巡視・点検によりダムの健全性を確認している。健康状態を診察する医者のように、電力会社の土木技術者としてダムの健全性を診断するのである。

このように日常での管理業務を遂行していくことで、洪水時においてもダムの機能を確実に活用することができる。洪水時は、降雨により大量の水が河川に流れ込むことから、ダムでも貯水池に流入する大量の水を下流に流すための「操作」をしなければならない。前述のとおり、利水ダムは常時貯水しているため、治水ダムのように貯水できず、流れてきた水相当分をそのまま放流することとなる。これらの洪水吐ゲートの放流操作も自社の土木技術者で実施しており、常にダムの健全性を把握できているからこそ自信を持って洪水対応操作ができる。ライフラインを担う電力会社にとっては、大雨・地震・台風などの非常時においても電気を供給する使命があり、大変ではあるが社会に貢献していると自負できる瞬間でもある。

なお、水力発電設備における土木構造物の維持管理については、電気事業法・河川法にも定められており、適切な管理を行うことで、末永く水力発電の土木設備を活用できるのである。

恥ずかしながら学生時代は電力会社の土木技術者が何をするかイメージできていなかった。冒頭に記したイメージは入社前の私自身の答えである。学生時代、土木工学を専攻したことから、土木技術者として社会に貢献したいとの思いがあり、電力会社は貢献度合いが高いと考え希望した。入社当時のイメージは漠然としていたが、新人研修を受講していくうちに電力会社の土木技術者が受け持つ業務範囲の広さに驚いた。中山間地域に位置する水力発電所、臨海部にある火力・原子力発電所など、立地地域や発電方式の違いで土木構造物が大きく異なる。どの土木構造物に携わっていくのか、大きな期待を抱いたことを鮮明に覚えている。最初の赴任地での水力発電所の維持管理業務を皮切りに、火力・原子力発電所の建設・維持管理業務にも従事してきた。また、既存のダムを切り下げる改造工事にも携わることができ、現在は、その経験を活かしながら地域振興の提案業務にも取り組んでいる。

このように、私の経歴から異動が多いと感じている人もいるだろう。確かに長く勤務すれば異動が多くなることは否めないが、さまざまな職種の方と仕事をする機会ができ、多くのまちの人とふれ合い、刺激を受けることができる。それが社会人として成長に繋がり、充実できている要因かもしれない。人々の生活に欠かせない電気に携わる土木技術者として、安定した電気を継続してお届けできていることが、多くの仲間とともに私自身が取り組んできた成果でもあり、大きなやりがいにも繋がっている。

小川 信行（おがわ のぶゆき）

1973年生まれ。九州電力株式会社 エネルギーサービス事業統括本部 水力発電本部 水力開発総合事務所 地域コミュニケーション部 総括・業務グループ 副長。大分県立中津工業高等学校卒。休日の過ごし方：スポーツ観戦、DIY、読書。

column
業界本音トーク

異動について① ―

学生と将来就きたい仕事について話をしていると、離れた土地への転勤や異動についてあまりいいイメージを持っていない若者が多い気がする。そこで土木の仕事に従事する現役の方々に「地域間・部署間の異動や転勤で嬉しかったこと、困ったことなどはあったか？」質問してみた。本コラムでは定期的に異動がある公務員からの回答を紹介したい。

まずは人によってはかなりの距離で動く国家公務員。嬉しかったこととして「新たな仕事と接するなかで知識の向上と多くの経験ができた」「結婚後の異動は今のところ通勤圏内での異動で助かっている」「視野が広がりよい経験になった」「異動がなければ行くこともなかった土地で食べ物や歴史、文化に出会える」「場所に関わらず、希望している仕事内容に転勤できた」「心機一転でモチベーションの向上が図れる」などの積極的なコメントが多く寄せられた。一方、困ったこととして「異動後、前任者から重要な情報を引き継げていなかった時は地元や関係機関に対し、組織として知らないことになる」「頻繁な引っ越しや新生活の構築は大変」との声が挙がっていた。

次に地方公務員からは「新しい分野の事業に携われるため、新鮮さ、チャレンジの気持ちが高まる」「希望していた部署に異動できたときには自分のやりたいことが認められたと感じ、嬉しかった」「毎年人が変わるので、最強メンバーに恵まれても、いつかは異動で別々に。逆にパワハラ上司が居ても、我慢していればそのうち異動する、と割り切れる」といったコメントが寄せられた。さらに「異動ではないが、数か月の災害派遣で被災者の方々から『遠方から応援ありがとうございます』と言われ大変感動した」との声もあった。一方「異動先によっては知識不足や勉強不足に悩まされる」「県内とはいえ、自宅から遠い職場に異動になると通勤が大変」との意見もあった。

17

NPO（非営利法人）

「Non-Profit Organization」の略で非営利での社会貢献活動を行う組織・団体を指す。特定非営利活動促進法の成立以降、法人格を得た団体（特定非営利活動法人）も多く存在し、市民活動の促進に向け、特にまちづくり分野における活躍はめざましい。地方自治体などの行政組織のみでは難しい住民との合意形成や協働の場面において、活動の支援あるいは主導するコーディネーターとしての役割が期待されている。都市計画における地域住民の参加や意見の重要性が挙げられ、公共空間に対する利活用のあり方が問われる今日、地域のつなぎ役となるNPOはより専門的な職能として重要視されつつある。

NPO（非営利法人）

まちを使いこなし、まちと人をつなぐコーディネーター

「まちづくりのコーディネーター」というのは比較的新しい職能と言える。少なくとも、私が学生だった20数年前、まちづくりを生業にする人はほとんどいなかった。

1995年の阪神淡路大震災を機に、公共のあり方が見直され、まちづくりに市民・NPOの力が必要という認識が高まったが、いざ市民と行政が協働しようとすると、互いの行動原理が異なるがゆえに、対立の構図に陥ってしまうという問題が噴出した。そこで、互いの立場の違いを把握した上で、双方の意見を翻訳したり、建設的な対話をコーディネートする中間支援者が求められるようになったのだ。

私の場合、まちづくりを本業として十余年になるが、キャリアの前半は、行政の計画や施策に市民の意見を反映するための住民参加ワークショップをコーディネートすることが主だった。それが、この10年ほどで、防災・福祉・子育て・教育など、行政がカバーしきれない領域が増えていくなか、行政が主導し市民がそれに参加・協力するという構図から、市民主導・行政支援という形へシフトしてきている。

そのなかで、まちづくりコーディネーターの役割は、「行政に市民の声を届ける」ことから、「公的なプロジェクトに関わる市民・事業者を掘りおこし、企画・実践を支援する」ことへ変化してきた。

都市整備の分野で言えば、道路・公園・河川・橋梁といった土木構造物を「新たにつくる」フェー

仕事の１日タイムライン

- 6：00　起床
- 8：30　徒歩で息子を保育園に送る
- 8：50　出社：自転車で
- 9：00　作業：メールチェック、書類チェックなど
- 9：30　打合せ：社内
- 11：00　作業：資料作成
- 13：00　昼休み：近所の飲食店で情報収集
- 14：00　打合せ：岡崎市の委員会出席
- 16：00　打合せ：岡崎市関連部署で情報収集・調整
- 17：00　作業：連絡調整、資料チェック（帰社）
- 18：00　作業：資料作成
- 20：30　退社：子どもの寝かしつけ
- 21：30　夕食
- 24：00　就寝

乙床と殿橋テラス（社会実験時）

松應寺横丁にぎわい市（2018.3）

QURUWA 菜園

藤川いいとこ探検隊での調査研究

ズは一段落し、すでにある土木のストックを「使いこなす」ことが重要視されるようになった。しかし、土木を「つくる」「管理する」には、十分な知見やノウハウが蓄積されていても、土木を「使いこなす」のは、海外の事例や数少ない国内の先行事例を参照しながら、各地で模索している状況にある。

愛知県岡崎市では、2014年に中心市街地の面積の約半分を占める道路・公園・河川などの公共空間を使いこなし、衰退したエリアの再生を図る「乙川リバーフロント地区整備計画」が策定された（現在、「乙川リバーフロント地区公民連携まちづくり基本計画（QURUWA戦略）」に継承）。私は中心部を流れる乙川を有効活用するかわまちづくりのコーディネーターを拝命し、川とまちをつなぐ拠点として、岡崎城を望む橋詰広場の欄干をカウンターにした仮設の飲食店「殿橋テラス」を設置することになった。殿橋テラスは、河川区域内の橋台下流側に足場を組み、ウッドデッキを敷いた上に店舗の躯体が乗る仮設工作物だ。河川と道路が接し、都市公園でもある対象地では、それぞれの管理上の規制をクリアすることはもとより、飲食を提供するための保健所の許可、店舗看板に対する屋外広告物の規制、通行を妨げない運用をめぐる警察との折衝、近隣住民との調整など、さまざまなハードルが存在した。それらは最初から顕在していた訳ではなく、プロジェクトの進捗と共に浮上し、その都度解決策を導き出し、実現にこぎつけた。「つくる」や「管理する」側の区分で構成されている専門知は、「使いこなす」側から見ると、それぞれ単体では通用しないことが多い。すべての分野に精通していなくとも、領域を横断して統合する力と、いざという時に手を差し伸べてくれる人脈を持つことがこの仕事に必要な資質である。

私は高校時代、バンド活動をしていたのだが、まちから隔離されたライブハウスの環境に疑問を感じ、中心市街地の広場でライブ活動を始めた。その際、行政や近隣店舗、警察などとの折衝を経て、20年続く野外ライブに成長したことが公共空間を使いこなす原体験となった。

その後、東京でまちづくりを学び、地元で実践すべく、同郷の先輩である三矢勝司氏（『まちづくりの仕事ガイドブック』22頁参照）と学生時代にまちづくり活動に着手。その時に出会った行政職員、まちづくりに関心のある市民らとの関係が財産となり、岡崎まち育てセンター・りた（以下、りた）設立につながった。りたは、岡崎市に根を張り、さまざまな切り口で岡崎市のまちづくりに携わり続けているという点に特徴がある。岡崎市で長年仕事をし、暮らしていると、おのずと公私問わず出会う人々とのネットワークが蓄積され、仕事でも暮らしでも大切な資源となっている。

多くの人は、自分のまちが自分で変えられるとは思っていない。しかし、自分のアイディアや行動でまちが変わる体験をすると、かけがえのないまちへの愛着が生まれ、それがまちへ関わる原動力となる。そうした人とまちの変化に立ち会えることがこの仕事の醍醐味と言える。一方で、時間はかかるし、いろいろな人との調整・根回し、デスクワークなど、裏方仕事が大半で、手厳しい批判やクレームも少なくないため、忍耐力とコミュニケーション能力が必須である。

天野 裕（あまの ゆたか）

1976年生まれ。博士（工学）。まちづくりコーディネーター／コミュニティ・デザイナー。岡崎まち育てセンター・りた事業企画マネージャー。休日の過ごし方：子どもと共にプレーパークをしたり、川あそびをしたり、公共空間の使い方を開拓。

異動について② column 業界本音トーク

転勤・異動で嬉しかったこと、困ったことについて、今回はさまざまな業種からのコメントを紹介する。まず嬉しかったこととして「新しい仕事、人間関係で働く新鮮さ・刺激は能力向上とやりがいにつながる」「仕事の視野が広がり、知り合いも増えた」との声が建設コンサルタントの方々から寄せられた。また「自分の興味があることを楽しく勉強する旅行と考えている（シンクタンク）」や「その地域の観光や食べ物、文化を楽しめる」などの声が高速道路会社他の方々からも届いている。

また海外赴任に関しても「三度経験し、初めは単身、次は妻と、三度目は家族でと背負うものや仕事の責務も増したが、初めての国・地域に赴任するのは新鮮で楽しみ（建設コンサルタント）」「赴任先の言葉が全く分からず、英語の発音も聞き取れず慣れるまで苦労したが、国内では年配者しか経験することのできない経営管理などのノウハウを習得できた（測量会社）」などのコメントが寄せられている。一方、いくつかの会社から家族への影響について「子どもにとっては転園・転校を余儀なくされるため単身赴任を決断」「家庭環境があまり配慮されない転勤があり、その点は改善してほしい」といった意見や「他社に出向する話があり、妻に相談したら『行ってらっしゃーい！』と言われた」など、微笑ましいエピソードも寄せられた。

困ったこととしては「仕事柄どうしても転勤が多くなる。希望の勤務地に配属されず退職した同期もいた（ゼネコン）」や「環境を一からつくる大変さもある（建設コンサルタント）」「社内の部署移動は転職ぐらいに業務内容が異なるので慣れるまで時間がかかる（不動産会社）」「地方の特性がそれぞれ異なるので慣れるのに時間はかかる（調査会社）」といったコメントがあった。転勤・異動は新たな挑戦や人、風土に出会える楽しみと慣れるまでの時間をどう捉えるかがポイントのようだ。

18

研究職

土木技術者の育成や技術の発展にとって、大学などの教育・研究機関は重要な役割を担っている。特に土木は「経験工学」と言われるように、現場での実践的な活動やデータの把握が重要な分野といえる。一方、地方都市の大学では学生に対する教育活動もさることながら、周辺地域への社会貢献活動が求められ、研究職員の実績としても十分な価値が認められつつある。産官学の連携は今後も一層進むものと予想され、実務との繋がりや持続可能性への貢献など、土木の研究者に求められる職能も多様化している。

研究職

理論と実践の距離を近づける

土木の研究職には、企業や公的機関研究機関で働く場合と、大学で働く場合がある。私の場合は後者で、主な研究テーマは三つある。一つは都市設計理論、もう一つは災害時の避難行動モデル、三つ目が自動走行の研究である。Wi-Fiなどのセンサーを使って都市空間における人の動きを計測し、関数化して、駅や街路・公園といったまちづくりの計画や設計を行うための基礎理論について、数式を1日黒板に書きながら考えている。南海トラフ津波が予想される地域では、現地を歩いて高齢者など地域住民の方々の話を聞きとり、地域の成り立ちや歴史を調べながら研究を進めることになる。自動走行の研究では、コンピュータの画面と睨めっこしながら、自動走行によって都市がどう変わるのか、数値シミュレーションのプログラム開発に取り組む。

こうした研究の基礎となるのは、線形代数や、プログラミング・物理や数学だが、歴史や地理も大切だ。たとえば災害復興では、どのような形をとるにせよ、いずれもが空間の力を借りることなく十分な効果を発揮することは難しい。人間の暮らしに長くにわたって影響を与え続ける地理は、私たちの研究に必要不可欠だ。研究成果は、国際学会や英文ジャーナルに英語で発表するから、英語の勉強も大切になる。英語は得意じゃないが、自分の論文を読んだ名前も知らない海外の人から、感想メールが届くと

仕事の１日タイムライン

- 6：30　作業
  ：勉強。論文読み（自動走行関連論文のチェック）
- 8：30　徒歩通学
- 9：00　作業：研究その１（都市設計モデルの定式化）
- 11：00　打合せ：災害復興計画
- 13：00　研究指導ゼミ（卒論・修論指導）
- 15：00　打合せ
  ：避難行動調査の打合せ（オンライン）
- 16：50　講義：学部の都市設計演習スタジオ
- 18：30　打合せ：博士研究
- 19：30　退勤
- 22：30　作業：メール確認
- 23：00　就寝

校舎を背景に卒業生と一緒に撮影

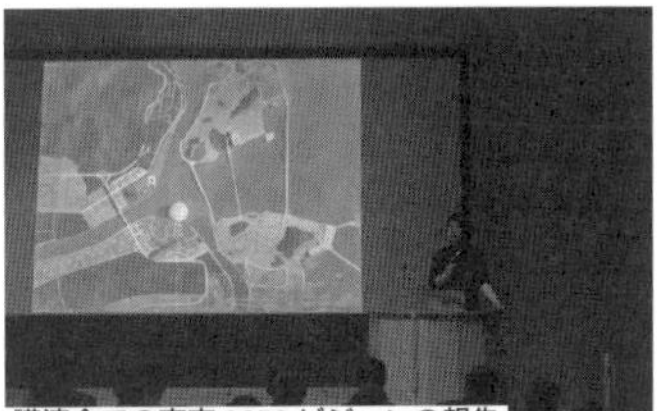
講演会での東京 2050 ビジョンの報告

国内外から 100 人ほどが集まるサマースクール。
行動モデルのプログラミングと都市政策演習

7年かけて設計した、花園町通り（愛媛県松山市）

研究室で設計し広場で実現したアートプログラム

海外から研究者を招いた研究セミナー

瀬戸内の本島での演習旅行。
学生さんと踏査して調査する

嬉しい。研究者として、世界中に友達ができるのも、研究者の醍醐味といっていいでしょう。

研究は一人でやっているのかというと、そういう時もあるけれど、チームで取り組むことも多い。土木の仕事は実践的で、理論と距離を近づけるのも研究者の仕事だと思う。都市設計の研究では、実際の駅やまちの計画、広場や街路の設計にチームで取り組むこともある。あるいは被災地に入って、被災調査を行い、復興計画をつくることも僕たちの仕事だ。自動走行の研究では、特許をとったり、会社を起業したりもする。現場に立って、自分の理論を使って考えることで、初めて問題が解けたり、わかることがある。自分で設計した経験がなければ、都市の設計理論なんて研究できないし、その逆に、自分の研究が被災地では全然役に立たなくて愕然とすることもある。土木は自然のなかで考える仕事だから、現場ではいろいろなことが起こる。現場に出ないとわからないことは多い。

教育も研究者の仕事の一つだ。意外と思うかもしれないが、授業をするだけではなくて、研究者を育てることも重要な仕事だ。学生さんが博士を取るためには、論文執筆のための既往の研究論文をレビュしたり、他の研究者との議論を通じて最新動向を探ったり、自分のアイデアについて異なる分野の研究者と討議を行うことになる。研究テーマによっては自分の人生だけでは解決できないような難しい問題もあるから、研究の作法を若い研究者に継承することも重要になる。黒板に数式を書いて互いに議論したり、被災地に出向き、どうやったらもっと早く避難できたか、学生さんと何度も議論する。これまで10人以上の学生が博士となって国内外に巣立っていった。彼女たちと、都市と交通に関する研究について話すのもとても楽しい時間だ。

大学院を卒業して、民間企業で6年働いた後、大学の助手（今なら助教）に転職し、その後も研究を続けてきた。研究者になったきっかけは、大学院で取り組んでいた研究がおもしろかったからだ。以来、都市と交通の研究にずっと取り組んでいる。研究以外の仕事は考えられないし、心の底から研究を愛している。研究者になるには博士号が必要だが、最近の学生さんは大学を卒業した後、修士から博士課程に進学して、博士号を修得する。その後、海外の研究所や大学で修行して、助教になるケースが多いようだ。今は、人口減少や気候変動、感染症の蔓延など、地域の様相が大きく変化しているから取り組むテーマもさまざまだ。

自分のふるさとのまちの道路の仕事に関わったことがある。車のために設けられた両側6車線の道路は、交通量も少なく、閑散とした風景が広がっていた。私たちは、シミュレーションを繰り返し、車の車線を6車線から2車線にしても混雑が発生しないことを確認し、車のための道路から歩行者が歩きやすい道路へ、街路空間のリノベーションを試みた。最初は反対する人も多かった。現地で粘り強く説明を繰り返し、車のためのまちから歩行者のためのまちづくりに賛成が得られることとなった。広くなったこの街路は、親子連れの家族が楽しそうに時間を過ごす場となっている。理論と実践を近づけることで、思いもしない風景を地域につくることができる。そんなこともこの仕事の魅力ではないだろうか。

羽藤 英二（はとう えいじ）

1967年生まれ。東京大学工学部社会基盤学科教授。1967年、愛媛県生まれ。愛媛大学助教授、MIT客員研究員、UCサンタバーバラ客員教授を経て現職。土木学会論文賞、世界交通学会Bursary prizeなど数々の賞を受賞。各地の観光まちづくりや地域防災に関する研究を手がけている。休日の過ごし方：研究、読書。

研究職

研究と社会貢献を橋渡しする地域実践

「大学の人間が関わるからには何か新しいことに踏み込まなくてはならない」とは、私の恩師の言葉である。ここでは、この言葉を胸に私がこれまで地方都市の大学教員として取り組んできたことを、三つに分けて紹介したい。大学教員は主にこの三つの仕事のバランスを取りながら日々を過ごしている。一つは、調査や実験の結果をとりまとめ、所属学会において論文などによって発表をおこなう「研究」である。次に、基礎的なことから専門分野まで講義をおこなう「教育」である。卒業論文や修士論文の指導は、ちょうど研究と教育の中間にある。三つ目は、行政の抱える諸課題を共に解決するアドバイザーや各種計画や技術の検討委員などの「社会貢献」である。土木をとりまくさまざまなプロジェクトに大学教員が参画し、計画づくりやものづくりに直接携わることも増えてきている。また、所属大学とは別に、研究会などで先進の知見や技術を得る努力も必要となる。これに加えて、所属する研究室や大学、さらには学会での多岐にわたる業務をこなしている。

ここでは、研究と社会貢献の橋渡しとなる「実践」を例に紹介する。２０１９年度より、長崎県波佐見町における文化的景観の調査に関わっている。調査の目的は、近世から続く窯業の集落と広大な棚田を有する農業集落を複合的にとらえ、景観的価値として何が重要であるかを明らかにすることである。

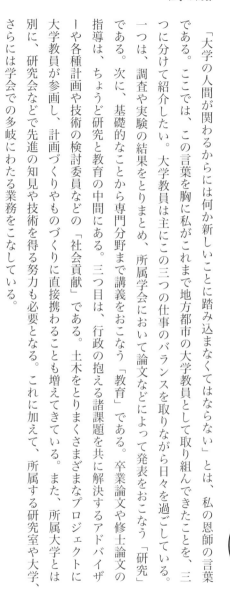

仕事の１日タイムライン

- 8：00　大学の研究室へ
- 8：10　作業：メールチェックや講義準備など
- 8：50　講義：土木の計画に関わる座学や演習を行う
- 11：00　打合せ
  ：長崎県内にて現地踏査や関係者ミーティングなど（外出）
- 14：00　作業：所属部署内の会議資料の準備など
- 15：00　打合せ
  ：所属部署内の会議。教育や入試などについて定期的に話し合う
- 17：00　打合せ
  ：指導中の卒業論文の進捗確認のミーティングなど
- 19：00　作業
  ：論文の執筆、学会発表の準備、
  翌日の講義の準備、
  プロジェクト関係の調整など
- 21：00　退勤

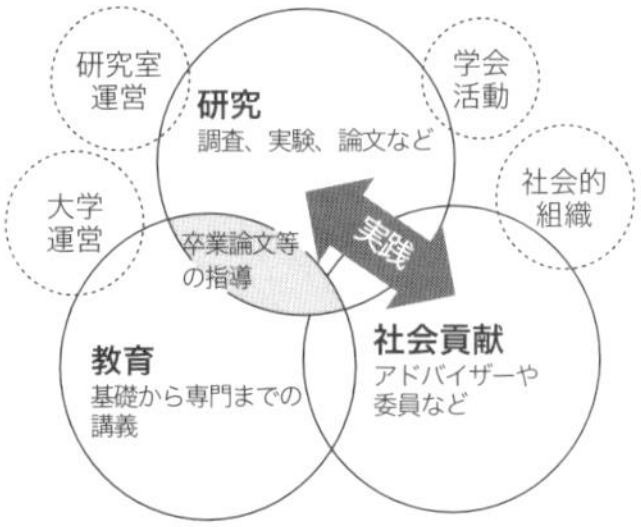

研究職の仕事のイメージ

地元の方々との意見交換のようす

波佐見町の窯業集落

波佐見町の農業集落

調査は、建築や窯業を専門とする他大学や他専攻の大学教員、地域に詳しい学芸員などで構成されたチームで行い、定期的に文化庁の担当官を交えて進捗報告や討議を実施している。私たちのグループは、集落の景観的な移り変わりを把握するため、地元の方へのヒアリングや地図・文献の史料分析、現地調査などの地道な活動を継続している。

一方で、同じく2019年度より長崎県において、環大村湾広域景観形成推進事業にも取り組んでいる。大村湾は県中央に位置する約320㎞^{2}の湾であり、その流域は5市5町の自治体を抱えるほど広い。この事業は、大村湾の景観的価値を顕在化し、自治体間の連携を図る考えを明文化し、活用策を検討する試みである。前例がなくすべてが手探りで進行するなか、次の点に留意している。一つは、関連する自治体担当者が納得するプロセスを構築すること。もう一つは、大村湾に詳しい方の声を聴くこと。前者は亀の歩みだが、県担当者とともにすべての自治体担当者を訪問し、事業への理解を求め「景観を広域で捉え保全・活用するための旗印は必要だ」「自治体で背景・事情が異なる」など率直な意見を聞き出した。現在も調整は続いており、徐々に理解が得られつつある。そして後者については、大村湾に7つある漁協のうち4つでワークショップを開催した。大村湾を生業の場とする地元の方々から、大村湾の風景の昔（原風景）と夢（将来像）を聴き、大村湾の本質的な価値に近づこうと取り組んでいる。

冒頭の恩師の言葉を思い出しては、果たして現在取り組んでいる活動で、それが達成できているのか、常に不安がつきまとう。しかし迷っている暇はない。現場で悩み、もがき、多くの方々と議論を重ねた分だけ前に進むと信じている。

研究職には、世の中にある「なぜ」に正面から向き合うマインドが不可欠だと感じる。身の回りの種々の現象に対する素朴な疑問は研究のモチベーションとなり、形骸化した慣習やそもそも論に立ち戻れない思考停止に対する懐疑心は世間の流れに竿さす警鐘となる。反発もあるだろう。しかし、それに立ち向かう姿勢がなければ、この分野で仕事をする意味はない。大学教員は、研究・教育・社会貢献の三つの仕事を互いに行き来しながら試行錯誤できる点で独自性が高く、とくに土木の仕事の現場では計画づくりからものづくりに至る実践に関与できる。

私の場合は、大学時代の活動の延長線上に今があると言っても過言ではない。当時は恩師や研究室の先輩の背中を見ながら学ぶ「丁稚奉公」の世界にどっぷりつかった。その後、同分野の他大学研究室の助手・助教を経験し、現在に至る。大学教員には、私のように大学環境でさまざまな経験を積みながら進路を切り拓く場合と、一度、民間や行政の仕事を経験した後大学に戻り研究職に就く場合と、大きく二通りある。近年、大学では多様性を求めて後者の人材を重要視する傾向にある。

研究職は孤独だ。しかし、学会や研究会活動を通じて近接分野の研究者とつながり、時に異分野との協働で仕事ができる。私自身も九州中心に「地域の美しい風景の維持・育成・復元を推進するための活動」を実践する「風景デザイン研究会*」の事務局を15年務めており、このようなネットワークも大いに仕事のやりがいにつながっている。

石橋 知也（いしばし ともや）

1980年生まれ。博士（工学）。長崎大学大学院工学研究科准教授。専門は景観学、都市形成史、地域計画。九州大学大学院工学府都市環境システム工学専攻修了後、福岡大学工学部助手、同助教を経て現職。
休日の過ごし方：公園などで子どもと遊ぶ。
＊ http://www.fukei-design.jp/

学生のうちに取得できる資格

column
資格の話

就職活動の際に必ず提出する履歴書には、通常、「免許・資格」について書き込む欄がある。自己アピールのための履歴書に空欄をつくるなんて論外。「普通自動車第一種運転免許」くらいは書きたいが、それ以外にも何かしらの資格が書かれているメリットは大きい。例えば複数の資格を持っていることが、たくさんの履歴書に目を通す人事担当者の目を引くかもしれない。また仕事に直結しない資格でも、大学の講義以外の勉強にも取り組んでいた姿勢をアピールするなど、ライバルに差をつけるチャンスにもなり得る。履歴書の書類審査通過後に行われる面接でも、資格に関する質問が来る可能性は十分ある。自己アピールに繋がる的確な応答を予め準備でき、面接対策の一つにもなるわけだ。ここでは実務経験なしで、学生のうちに取得可能な資格を紹介しておこう。

まずこれからの時代、パソコンを使わずに仕事をすることなど皆無といえ、設計や製図に使用されるCADに関する資格は業界的にも有用である。一般社団法人コンピュータ教育振興協会が実施する「CAD利用技術者試験」では、2次元（基礎、2級、1級）と3次元（2級、準1級、1級）それぞれでCAD利用技術者としての技術レベルを認定してくれる（なお準1級以上の受験資格は2級合格者）。また海外赴任もある土木の仕事にとって、英語のコミュニケーション能力を検定するTOEICも有力だ。その他にも、色に関する理論的知識、技能を検定する「色彩検定」（文部科学省後援の公的資格）は2020年度の合格率が1級で45%、2級77.6%、3級76.3%、UC級では87.3%となっており、まずは比較的合格率の高い資格の取得を目指してみるというのもアリだと思う。

世の中にはたくさんの資格があり、マニアックなものを含め、調べてみるだけでもかなり面白い。就職活動にも役立ち、有意義な学生生活を送るうえでも、資格の取得に挑戦してみてはいかがだろう。

19

新たな専門的職能

目まぐるしく変化する時代のなかで、土木の仕事の仕方も変化し、これに応じた業務体制や人材育成のあり方は今後も求められる重要な課題である。また土木技術の高度化が進む一方で、古来から日本の土木を支えてきた伝統的技術の価値が改めて見直されてきている。人々の豊かな暮らしや魅力的なまちを存続していくためにも、変化する時代のニーズに合わせた新たな専門的職能の活躍が期待される。ここでは近年注目されている土木の仕事として、自治体職員としての景観専門監、石積み職人についてご紹介したい。

新たな専門的職能（長崎市景観専門監）

自治体職員として、長崎のまちのデザインを監修する

長崎市景観専門監（以下、専門監）は、田上《たうえ》富久《とみひさ》市長の発案により2013年4月に設置された非常勤特別職で、①長崎市が行う公共事業全体のデザイン監修、②そのプロセスにおける職員育成をミッションとする。このような職能は類がなく、日本で初めての試みである。

通常、自治体職員は縦割り組織でいずれかの部課に配属されるが、専門監はどこにも属さずに、庁内横断的にすべての職員と協議する立場にある。階級は次長級（部長と課長の間）であり、政策判断（政治）と事業実施（行政）をつなぐ役割も担っている。また、専門監は人事異動がなく、関わった事業は完了まで監修する。組織における縦・横のつながりを高め、事業に時間的な一貫性を持たせる、良い公共事業を生みだすための必須条件だが、これまでの自治体にはいなかった存在である。

私は福岡に住んでいるので、出勤日は朝から長崎に向かう。スケジュール調整をしてくれる職員から指定された時間と場所に行くと協議がスタートする。現場での協議・会議室での協議・委員会・市民ワークショップ・シンポジウムなど、平均して5〜6件／日の協議を、週1〜2日、8年間続けてきた。多くの場合、協議内容は事前に知らされていないから、まず担当職員の説明を聴く。説明後すぐにコメントを求められるが、その一言一言が事業の方向性を決めていくので、脳内の回転数をあげて集中力を

仕事の１日タイムライン

- 8：00　自宅発
- 10：50　長崎駅着：監修した新しい駅舎に到着！
- 11：00　打合せ
  ：プロジェクトＡ担当者と協議＠会議室
- 12：00　昼休み：ご飯はしっかり食べる！
- 13：00　打合せ：プロジェクトＢ担当者と協議＠現場
- 15：00　打合せ
  ：プロジェクトＣの検討委員会に出席
- 17：00　打合せ
  ：プロジェクトＤ関係者と協議＠会議室
- 18：30　打合せ
  ：プロジェクトＥの市民ワークショップをファシリテート
- 21：00　夕食：ご褒美ビールは欠かせない！
- 21：30　長崎駅発
  ：監修した稲佐山電波塔ライトアップに見送られて
- 0：00　自宅着

現場協議

市民ワークショップ

シンポジウム

完工の集合写真（喜びの瞬間！）

高める。帰りの電車はいつでもクタクタである。

これまでの8年間で監修した事業は100を超えるが、各事業の担当職員・設計者・施工者・関係者との協議の場で、方向性（ディレクション）を示しながら、調整（コーディネート）する「デザインマネジメント」が私の役割である。私は線も引かないし、絵も描かないし、資料も模型もつくらない。地域や社会のために可能性を問い、物事を整理し、対話の場をつくる。機能・工期・予算だけでなく「質」を管理するために、関係者の力を引き出す「強い触媒」が、ものづくり・まちづくりの現場に必要である。

監修事業は、長崎駅周辺整備、新市庁舎、出島表門橋・表門橋公園、稲佐山スロープカー、稲佐山電波塔・平和祈念像・眼鏡橋などの夜景整備、歴史まちづくり事業、世界遺産関連事業など、土木、都市計画、建築、観光、文化財などの多岐な分野にわたる。また、各事業について計画・設計・施工の内容を監修するとともに、計画・設計の条件設定、業務受託者の選定方法、委員会やワーキングなどの体制づくり、市民ワークショップやシンポジウムなどの市民参加も指導するので、プロセスデザインに関わる幅広い能力が求められる。

長崎市は、漁業・造船業・炭鉱業に代わる新しい基幹産業として「交流の産業化」をビジョンに掲げ、観光交流産業のインフラとして景観を重要視している。その危機感と意志が専門監をうみだした原動力である。まちづくり時代の「土木」に求められる新たな職能として、長崎だからこそ得られる「場所（まち）の価値」の創造にこれからも力を尽くしたい。

公共事業で「質」を管理するには数々の苦難がある。制度・工期・予算・維持管理などの条件をクリアしながら、固定観念やミスコミニケーションによる不理解、利害によるコンフリクトを一つひとつ超えていく。プロジェクトチームのメンバーとともにビジョンに向かっていく、このプロセス自体が面白い。

Make it better. 困難な時こそ、あきらめず、対話を深める。仲間がいるから前進できるのであり、だからこそ苦楽を分かちあった関係者とともに迎える完工の日は、言葉にならない気持ちに包まれる。私は職員を指導する立場にあるから、彼らが充実感や達成感漂う顔を見せ、これからもいい仕事をしようと未来を見つめる時間こそ最大の喜びである。もちろん公共事業は社会のためにあるから、関係者の独善であってはならない。それを徹底的に問うのも私の役割である。施設供用後、市民や観光客が安心して、楽しそうに過ごす風景こそが、みんなで目指してきたものである。

私は、東大土木の大学院で景観を学び、都市計画コンサルタント、大学教員を経て、社会人12年目、35歳で専門監に就任した。田上市長が、私の恩師・篠原修先生（東京大学名誉教授）に相談されたご縁である。私は、特段優秀でもセンスがあるわけでもないが、先生・上司・先輩・後輩・地域の方々など、とにかく出会いに恵まれ、たくさんの方に育てられて今がある。出会いを求め、出会いに素直に生きれば人生も仕事も豊かになる、と思う。

高尾 忠志（たかお ただし）

1977年生まれ。地域計画家。博士（工学）。技術士（建設部門）。一般社団法人地域力創造デザインセンター代表理事。長崎市景観専門監。九州大学持続可能な社会のための決断科学センター特任准教授。総務省地域力創造アドバイザー。休日の過ごし方：家族と過ごす。最近のブームはキャンプ。

新たな専門的職能（石積み職人）

伝統を再解釈して伝える

近年、重要文化的景観や中山間地域の活性化などで棚田や段畑の景観に注目が集まるようになっている。そうした風景を支えるのは「空（から）石積み」というコンクリートを使わない昔からの石積み技術である。農作業の一部として集落内で代々継承されてきた一般的な技術であったが、農業の近代化や兼業化、コンクリートの普及の過程でその技術はほとんど途絶えてしまった。一方で空石積みは、自然資源だけで積むこと、積み直しの際には資源が再利用できること、隙間があることによって生物多様性に寄与することなど、持続可能な環境を守る技術としてヨーロッパを中心に再評価されつつある。地域の石を使うため、結果的に地域の特徴的な景観をつくり出すという効果もある。つまり石積み技術は、「伝統」という枠を超えて、これからの地域や社会に向けて重要な技術と言える。

このような石積み技術を再び「普通の技術」にすることを目的に活動しているのが、新しい職能としての「石積み職人」である。具体的には、一般社団法人「石積み学校」を立ち上げ、全国で石積み講習会を開き、集落内での継承とは異なる新しい形での技術継承を推進している。また、価値を発信するための調査・研究及び講演会も実施している。

2009年に学生向けの石積み合宿を開催したのをきっかけに、石積み技術が途絶えかけていること

仕事の１日タイムライン

- 7：00　出発：前日に道具を積み込んだ車で
- 8：45　現地到着：主催者との挨拶、現場確認
- 9：30　ワークショップ開始
  ：自己紹介、段どり説明、安全確認など
- 9：45　作業開始：手本を見せながら崩す作業
- 11：30　床掘り開始
  ：石を積み始めるための溝を掘る作業
- 12：00　昼食
  ：参加者の方たちと雑談しながらその土地の美味しいものを食べる
- 13：00　作業再開：根石を置いたら積み始める
- 14：30　休憩
  ：疲れると危ないので適宜、休憩時間を挟む
- 17：30　作業終了
  ：片づけ、石積みを見ながら講評など、各自記念撮影
- 18：00　温泉：近くの温泉に行って疲れをとる
- 19：00　夕食：その土地の美味しいものを食べる
- 20：00　宿へ
  ：宿に泊まって翌日のワークショップに備える

石を積んでいるところ

参加者がそれぞれに記念撮影

崩す作業

休憩中のおやつ

床掘りが完了したところ

を知るようになり、2013年に石積みを習いたい一般の人向けの講習会を開いたのが「石積み学校」の始まりである。石積み学校を始めるにあたっては、地域に対する責任として「事業を継続すること」を目指し、石積み学校の運営を「一つの仕事」とすることを標榜した。ボランティアという形ではなく「教えること」を価値にして参加費をもらうという仕組みにしたのもそのためである。とはいえ、給料のある大学教員の私が一人でやっていた当初、そこへの挑戦は曖昧なものであった。そんななか、2016年になって、学生向け石積み合宿の第1回参加者である金子玲大が建設コンサルタントを辞めて石積み学校に参画し、「新たな職能」確立への挑戦が始まったのである。

石積み学校のワークショップには、いくつかの開催方式がある。もっとも多いのは「自分のところの石垣を直したい」という問い合わせを受け企画する方法である。他には、棚田などがある地域の自治体やNPOが主催する石積み講習会に講師として呼ばれることも多い。棚田の景観を地域資源としていても、技術が途絶えているところも多いのだ。いずれの場合にも、事前に現地に行ったり写真を送ってもらったりして、地下水などの大元の崩壊要因はないか、予備の石はどのくらい必要か、一般の参加者でも動かせる石の大きさか、参加者の安全は確保できるか、トイレや休憩の場所はあるかなど、修復やワークショップに必要な準備を行う。ワークショップは週末の2日を使って行うのが一般的である。当日には道具をもって現地に向かい、そこで参加者の方々と古い石積みを崩すところから始め、実際の修復活動を通じて技術を教えている。

石積み学校の運営は、実際にはまだ職業として確立しきれていない。一つの仕事というには収入がおぼつかない状況である。なぜなら対象となるのは棚田や段畑で平地に比べて生産性が低いことも多く、参加費をあまり高くしたくないからである。また、途絶えかけている技術を再び「普通の技術」にするという使命を掲げているため、参加費を高くして技術を囲い込むようなこともしたくはない。

そこでやっているのは、社会の価値観の醸成や市場の形成である。空石積みを「持続可能な技術」と価値づけ発信することによって、環境や地域社会に貢献したい会社に社員研修やCSR活動として参画してもらうこと、それに加えて空石積みをグリーンインフラと位置付ける研究を行い、再び公共事業で使えるようにして市場をつくり、職人から農家まで幅広い層で石積み技術を継承していくことを目指している。

「需要に応える」という仕事のつくり方ではなく、必要だと信じることが仕事になるよう、需要を生む価値観をつくるところから始めているのである。近年、世の中の意識が少しずつ変わってきていることを実感していて、これはやりがいにもつながっている。一つの仕事をつくるのは困難も多いが、逆に言えば「可能性しかない」のだ。

もう少し現実的なところで言うと、ワークショップが終わってボロボロだった石積みが美しく生まれ変わり、参加者の人たちが達成感を味わいながら写真撮影に興じているようすからは、毎回、パワーをもらっている。

真田 純子（さなだ じゅんこ）

東京工業大学准教授。景観と都市計画史が専門で資料に埋もれる研究者を目指していたが、石積みと出会い石を積む研究者になった。主な著書に『都市の緑はどうあるべきか』（技報堂出版、2007）、『誰でもできる石積み入門』（農文協、2018）など。休日の過ごし方：低山の山歩き。

これからの土木業界に期待すること

column
業界本音トーク

最後のコラムは「これからの土木業界に期待すること（こうなったらおもしろい）」に関するアンケート結果について紹介したい。たくさんのご意見が寄せられたなか、複数挙げられていたのは「IT企業と融合し、効率的な維持管理システムを構築する」など、ICTなどの新技術活用による生産性の向上に関する意見であった。さらに「官民の連携が盛んになると面白い」「異業種とのコラボレーションが進み、ユニークでより豊かな生活空間を構築できる土木になればいい」など、経済や化学、健康、医療といった異分野との連携に関わる意見も複数挙げられていた。また「女性技術者のさらなる活躍」や「土木は人々の生活を支える基盤であり、地域によって異なる個性をデザインしていけると良い」といった多様性に関する声も寄せられた。さらに「調査、設計、施工それぞれが部分として仕事をするのではなく、全体の成果に向かって協働できるようになれば」など、業務自体のプロセスに関する意見も得られた。

その他「一層防災面での貢献が求められ、災害対策と生活の豊かさを共存させる土木事業の整備過程や手法を考えなければならない」「自分たちの手で『これからも住み続けるまち』をつくる業種とのイメージが定着すればいい」などのコメントもあった。さらに「既成概念を打ち破り、前例がないことを否定しないようになってほしい」「行政が新しいことをもっと柔軟に考えてもらえれば、都市の魅力はもっと高まっていくと思う」といったチャレンジ精神に対する期待も垣間見られた。

最後に「子どもたちの憧れの職業になること」「世の中に土木の貢献や仕事の素晴らしさをもっと知ってもらうこと」などのコメントも寄せられた。日常をつくり、支えるプロフェッショナルとして、土木の仕事に対する認知度や理解を促す努力を、より一層、業界全体で取り組む必要があるだろう。

おわりに

日常をつくるプロフェッショナル達の仕事ぶりはいかがだっただろうか？　最後まで読んでいただき、まずは感謝の気持ちでいっぱいだが、同時に社会貢献をやりがいとする土木技術者の魅力をリアルに感じていただけたならば大変嬉しい。日常を支え、つくり、守る土木の仕事は一人ではできない。高度な専門性とともに多くの技術者と協働し、臨機応変に務められる総合力と調整力が求められる。プロフェッショナルであることは勿論、プロフェッショナル・チームとしての成果が問われる仕事だと、すでに読み取っておられるだろう。

よく子ども達や若い学生と話をしていると「憧れの仕事」というものには、共通する条件があるように感じる。それは「顔が見える」あるいは「仕事ぶりがイメージしやすい」という点だ。土木の仕事の多くは長期にわたり、しかも大規模なプロジェクトを対象とするため、たくさんの人々が携わる。つまり、プロフェッショナル一人ひとりの顔や仕事ぶりが目立ちにくいのも、土木業界の宿命と言える。本書が少しでも前述した条件のクリアに役立つことを願うしだいである。

一方、野球やサッカーなどのプロスポーツ界では、顔をよく知る選手だけでなく、チーム自体を愛してやまない熱烈なファンがいる。またそれまで知らなかった選手を、好きなチームに入団した途端、応援している経験を読者の皆さんもお持ちではないか？　愛郷心からか、地元のチームを応援する人が多いことを考えると、自分たちが住むまちや地域の「土木」に対して、いかに愛着や誇りを持ってもらえるかは、今後の土木の仕事一つひとつに対する関心や理解を促すうえでも大切ではないか。地元に愛され、誇りに思ってもらえる仕事を一つでも、二つでも成し遂げていくことは、本書で登場した職能すべてに共通するテーマだといえる。

なお本書で取りあげた19分野の職能は、同じく学芸出版社から出ている「ようこそドボク学科へ！」という本を参考に選定させていただいた。まだ読んでいない方、特に学生諸君には大変お勧めの本なので是非そちらも読んでみて欲しい。また各分野における執筆者の方々には、多忙ななか原稿の作成に応じていただき、心から感謝を申し上げたい。さらに紙幅の関係で書き尽くせないが、執筆者の選定作業においても関係団体の多くの方々にご協力をいただいた。特に福岡大学工学部社会デザイン工学科道路土質研究室助教の藤川拓朗氏には複数の分野にわたってご協力をいただき、同学科景観まちづくり研究室助手の池田隆太郎氏、アシスタントの原田麻里氏には、資格に関するデータの最終チェックをお願いした。ここに記して謝意を表したい。

また本書の編集を担当していただいた学芸出版社の中井希衣子氏には煩雑な編集作業を丁寧かつ円滑に遂行していただいた。心から感謝を申し上げたい。

これにて私の編著者としての仕事は「終わり」だが、本書によって多くの若者が土木を志し、プロフェッショナルとしての仕事の「始まり」を迎えてくれれば幸いである。

２０２１年５月　柴田久

編著者略歴

柴田 久（しばた　ひさし）

1970年福岡県生まれ。福岡大学工学部社会デザイン工学科教授。博士(工学)。2001年東京工業大学大学院情報環境学専攻博士課程修了。専門は景観設計、土木・公共空間のデザイン、まちづくり。カリフォルニア大学バークレー校客員研究員などを務め、南米コロンビアの海外プロジェクトや九州を中心に四国、中国、東北を含む約60の公共空間整備、土木構造物の計画、設計、施工監理などに従事。主な受賞にグッドデザイン賞、土木学会デザイン賞、防災まちづくり大賞など多数。著書に『地方都市を公共空間から再生する　日常のにぎわいをうむデザインとマネジメント』（学芸出版社）など。

土木の仕事ガイドブック
日常をつくるプロフェッショナル

2021年6月10日　第1版第1刷発行
2023年9月10日　第1版第2刷発行

編著者………柴田久

発行者………井口夏実

発行所………株式会社 学芸出版社
京都市下京区木津屋橋通西洞院東入
〒600-8216　電話075-343-0811
http://www. gakugei-pub. jp/
Email　info@gakugei-pub. jp

編　集………中井希衣子

D T P………株式会社フルハウス
装　丁………北田雄一郎
イラスト………望月梨絵

印　刷………イチダ写真製版
製　本………山崎紙工

ISBN978-4-7615-2772-3